【公孫策說歷史故事（六）】

勝之道

十位名將與十場戰役
印證孫子兵法致勝思維

公孫策

〈總序〉三十本經典，一千個故事

經典之所以為經典，因為它的價值歷久不衰。例如我們對經典老歌，總能哼上幾句；對經典名句（如「多行不義必自斃」等）也能琅琅上口。可是一聽到「四書五經」、「經史子集」，大多數人都會敬而遠之。

原因之一，是我們對經典的整理工作，做得太少了。宋朝朱熹注解《四書》，就是一種整理工作，也的確讓《四書》普及於當時的一般人。清朝蘅塘退士輯《唐詩三百首》、吳氏兄弟輯《古文觀止》，也都是著眼於「經典普及化」的整理工作。然而，中華民國建國一百年了，卻未見值得稱道的經典整理作品。

另一個原因，是考試成了教育的唯一目的。於是，凡考試不考的，學生當然就不讀。這不能怪學生，也不能怪老師，事實上大家都為了考試心無旁鶩。而那些對經典充滿使命感的大人們，只好規定一些必考的經典。其結果是，學生為了考試，讀了、背了，考完就忘了，而且從此痛恨讀經，視經典為洪水猛獸或深仇大恨——經典反成了學生心目中的「全民公敵」！

城邦出版集團執行長何飛鵬兄對中國經典有他的使命感，城邦也出版了很多「經典整理」的書籍，如：〈中文經典100句〉、〈經典一日通〉等系列。飛鵬兄建議我「以三十本經典為範疇，寫至少一千個故事」，取材標準則是「好聽的故事、經典的故事、有用的故事」。

為此，我發願以四年時間，寫完一千個故事，每天一則，在城邦集團的「POPO原創」網站發表，這項任務在二〇一四年間完成。然而，網路PO文雖然停止，我仍然繼續寫故事，希望這個「說歷史故事」系列可以一直寫下去。

簡單說，這一個系列嘗試以「說故事」的形式，將經典整理成能夠普及大眾的版本。不是「概論」，也不是「譯本」，而是故事書。然為傳承經典，加入「原典精華」，讓讀者又不僅僅是看故事書而已。

公孫策

二〇一一年秋

二〇一五年冬修訂

〈推薦專文〉使用者體驗流暢，一讀無法閉卷

公孫策是我大學合唱團的團友，他說故事的能力在大學裡即嶄露頭角。有他在的場合，總是妙語如珠，讓現場氣氛生動萬分。他說故事的能力，不管在後來從事的媒體工作或者政治評論，都發揮得淋漓盡致。他的另一特殊才能，是對於歷史的掌握與透析，他在過去《商業周刊》和現在《聯合報》上的「去梯言」專欄，是我每週必讀的評論。在台灣整個政治局面混亂多變的狀況下，他藉古喻今的分析，帶給我很多啟發性的體認與深思。

這一次公孫策把他說的歷史故事和《孫子兵法》做一個連結與驗證。他在本書中用二十二個歷史故事貫穿了從殷商到清朝的中國歷史。這其中有大家耳熟能詳，如赤壁之戰的故事，也有大家較不熟悉，可是扭轉了中國歷史的戰役。公孫策充分發揮了說故事的才華，幫每個故事去枝取幹，故事說得流暢（套句現代術語，使用者體驗流暢）到讓人一讀無法閉卷。雖然我以前對於這些歷史典故略有涉獵，在讀公孫策版故事後，仍有新的體

會，真可謂溫故而知新。

《孫子兵法》是一部對中國歷史影響鉅大的兵法書。這書裡面的名句如「知彼知己，百戰不殆」、「不戰而屈人之兵」等，也是大眾耳熟能詳的經典名句。然而在整個十三篇的兵法裡，大多數的思想由於原文抽象的表達，較無法為大眾理解。公孫策在本書中以重要歷史戰役為主軸，再以《孫子兵法》中相關章節，印證故事及人物的作戰思維和手法，的確增加我們對《孫子兵法》內容的印象。這種傳達的方式，讓我聯想到商學院在介紹商業理論架構之前，老師總會以實際案例在課堂討論，來帶出這些理論架構，以加深學員的印象。從另一方面來看，我們研究科學，總是以做實驗來證明科學定律，而歷史上的戰爭就是用來證明兵法中理論最好的實驗。對我們最方便的是，歷史是現成的實驗結果，所需的只是歸納分析，就可完成對定律的驗證。

《孫子兵法》在現代社會已被廣泛用在商業行為上，以說故事管理及教育員工，也常被提及而隱然成為潮流。本書恰可順應潮流，成為了解《孫子兵法》的一扇門。希望讀者在這本書上能享受歷史故事的趣味性，並引發對孫子思維更多的探討，進而在工作及生活上有所幫助。

梁公偉／晨星半導體董事長

目錄

〔標記 ↓地圖附影片掃描QR Code〕

重大戰役與朝代嬗替示意圖表

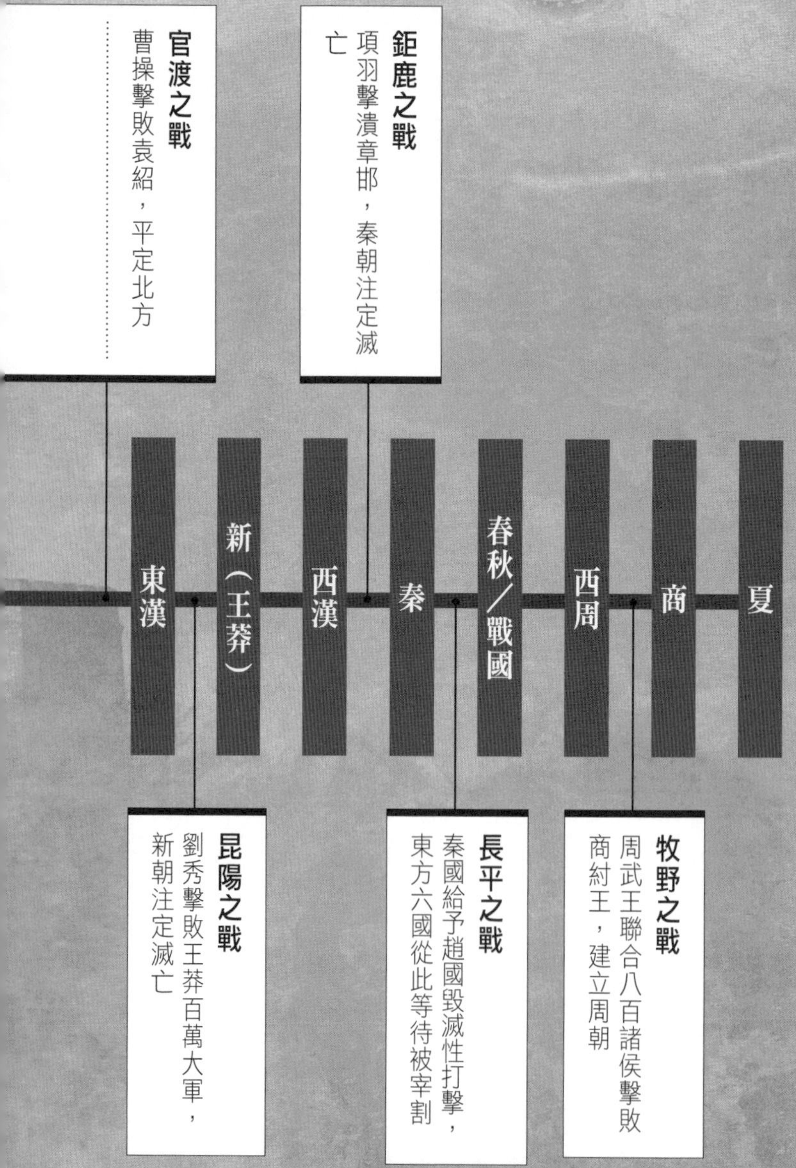
夏
商
西周
春秋／戰國
秦
西漢
新（王莽）
東漢
牧野之戰
周武王聯合八百諸侯擊敗商紂王，建立周朝
長平之戰
秦國給予趙國毀滅性打擊，東方六國從此等待被宰割
鉅鹿之戰
項羽擊潰章邯，秦朝注定滅亡
昆陽之戰
劉秀擊敗王莽百萬大軍，新朝注定滅亡
官渡之戰
曹操擊敗袁紹，平定北方

赤壁之戰
孫權劉備聯軍擊敗曹操，鼎足三分確立

三國

西晉

東晉／五胡十六國

淝水之戰
前秦苻堅遭遇重大挫敗，南北分治確立

南北朝

隋

虎牢之戰
李世民擊敗竇建德，王世充投降，統一大勢底定

唐

宋／遼金

高粱河之戰
北宋潰敗，從此向北俯首受辱

元

鄱陽湖之戰
朱元璋擊潰陳友諒，削平群雄指日可待

明

薩爾滸之戰
努爾哈赤一次擊潰四路明軍，明朝對後金（清）攻守易勢

清

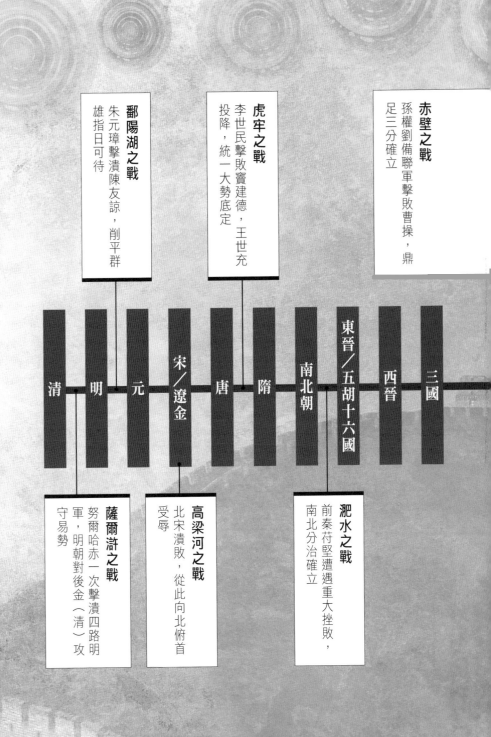

〈作者序〉化險為夷是運氣，履險如夷才是本事

為了一場企業訓練的「孫子兵法」課程準備素材，無心插柳完成了這本歷史故事。然而，這個過程卻得到一個很好的收穫：由於印證《孫子兵法》，發現那幾場改變歷史的戰役，往往是運氣使然，但所有名將都不靠運氣，都是憑本事。

例如昆陽之戰，是因為玄漢諸將剛好都在昆陽，而王莽大軍已經迫在眼前，無處可逃，才造成昆陽「城小而堅，兵多糧足」，否則任憑劉秀再怎麼勇敢，恐怕也沒機會打這麼一場旋乾轉坤的大戰，最終成就了東漢王朝。易言之，當時會出現那樣的情境，有運氣的成分。（當然不能以此否定劉秀的成功因素）

但是名將不靠運氣，例如韓信，稱得上用兵如神，可是他暗渡陳倉、安渡井陘、木罌渡河，「三渡」都是涉險，卻都不是碰運氣，而是建築在精確的情報與敵情研判上面。

於是提供本書讀者一個建議：從「名將」的故事，學他們如何正確的執行了《孫子兵

法》的心法；而戰役部分要正反面一起看，看勝方的正確選擇，也看敗方的失誤。

為企業訓練講孫子兵法課程時，最常被問到的，是這兩個問題：

現代人學《孫子兵法》幹嘛？

二千五百年前的兵法書，今天還管用嗎？

我的回答，總是先引述一則新聞：矽谷的高科技大廠在近一兩年，雇用了一百名以上的特戰部隊退役軍官。我反問學員：「那可不是少數，而是一兩百位喔。不具備高科技知識背景的特戰人員，能對科技公司提供什麼貢獻？」

然後我提出我的答案：「矽谷的高科技大廠都曾領一時之風騷，事實上，這個世界也因為高科技產品不斷推陳出新而改變。然而，世界變得太快了，變化的面向太廣了，變革的內容太深了——這是一個巨變時代，太多前所未遇的狀況隨時出現，連高科技公司都難以處理，而特戰高手正是處理前所未遇狀況的專家。」

戰場，正是變化最快、最大的地方；戰場上每一個士兵的心思都不會一樣，所以戰場又是變化最複雜的地方；同時你可以確定，你的敵人肯定用盡心思製造讓你無法預測的狀況，正如你肯定會同樣對待他。

這就是現代人學兵法的用處所在：**因應巨變時代，處理複雜且前所未遇的狀況**。

中國的兵法書很多，可是愈到後代，兵法書就愈專業，也就是只適用於軍事（如布陣、戰術編組等）。而《孫子兵法》是心法，從國家戰略到戰場布局，更能深入分析軍隊在各種處境下的心態與指揮官處理原則，即使在二千五百年後的今天，由於人性並沒有改變，所以仍然適用，而且適用於幾乎每一個領域，包括商戰、管理、投資，乃至就業、跳槽。

特別是後二者，社會新鮮人選擇「要不要加入這個企業」，其實跟「要不要發動一個戰爭」或「要不要轉換戰場」情況一樣——一樣的複雜且沒有經驗可循。

我自二十多年前首次開課講《孫子兵法》就發現，多數人對經典句解的耐性很低，可是都喜歡聽實戰印證，也就是歷代名將的取勝之道，他們是如何印證《孫子兵法》，或看來不合《孫子兵法》，其實正合《孫子兵法》的精義（例如韓信攻趙）。

因此，這本書完全就是實戰印證：包括十場足以扭轉天下大勢的戰役過程，以及十位用兵如神的名將事蹟。看他們如何將《孫子兵法》的心法運用於處理「複雜且前所未遇」的狀況。

關鍵戰役既然是歷史的轉捩點，本書乃以時間為軸線，自古代到近代，一路寫下來，等於順便將中國歷朝做了一次爬梳。同時整理出一張圖表（請參見第八、九頁），讓讀者可以一目了然。

最後必須說明的一點是：坊間《孫子兵法》版本很多，內文引述原文全部根據鄭友賢所集《十家注孫子》。

公孫策

二〇一七年二月

前事

00、姜子牙——中國兵家祖師爺

中國歷史上的第一場決定性戰役，傳統說法是黃帝戰勝蚩尤的「涿鹿之戰」，但那一場戰役的神話成分太高。三千年信史當中的第一場決定天下大勢之戰，應屬周武王伐紂的牧野之戰。

牧野之戰的勝方是八百諸侯聯軍，也就是來自四面八方的八百個部落。那時候還是新石器時代，八百個部落各自說不同的語言，穿不同的服裝，操不同的兵器，總兵力雖然推估可達數十萬人，但肯定是一支完全沒有默契的雜牌軍。

他們的對手是當時的天下共主殷（商）王朝。根據考古證據，殷商民族的鑄青銅技術遠高於其他民族，在新石器時代，那意味著國防科技超級領先，因此它是個好戰民族，一貫以武力平服不順從的部落，軍隊戰無不勝。雖然一部分軍隊遠征東夷，但是朝歌（殷王朝都城，在今河南境內）政府仍然動員了七十萬部隊，服裝、武器整齊畫一，指揮系統明確。

但是，結果卻是雜牌軍大勝正規軍：殺死十八萬人，俘虜三十三萬人。聯軍為什麼能贏？所有功勞都指向一個人：聯軍總司令姜太公，他也因此成為中國兵家的始祖。

姜太公是尊稱，他還有很多名字：本姓姜，名牙；祖先封地在呂，所以又稱呂牙；《史記》稱他為呂尚；小說裡稱他姜尚；民間則多半稱他姜子牙。（古人名字中間加個「子」是尊敬之意）

姜子牙空有一肚子本事，卻只能在殷商都城朝歌屠牛為生（擺牛肉攤）。當時，由於殷紂王無道，人心離異，諸侯都心向西伯，也就是周文王姬昌，很多才學之士投奔西岐的周國。姜子牙既然不得志於殷，也就轉去西岐碰碰運氣。

姜子牙跟其他人不一樣，他沒有去向西伯自我推銷，而是每天到渭水濱去釣魚。據說，他釣魚的魚鉤是直的，於是有「姜太公釣魚——願者上鉤」的歇後語。事實上，姜子牙想釣的不是魚，而是人，也就是西伯姬昌，而且期待「願者上鉤」。終於，給他等到了，西伯上鉤了！

那一天，西伯要出外打獵，先卜一卦，卦辭說：「今天的獵獲物，非龍非螭，非虎非羆，而是霸王的輔佐。」

西伯在渭水濱遇到了姜子牙，一番交談之後，西伯對姜子牙驚為天人，說：「我的祖父太公曾說：『將來會有聖人來到我們周國，周國就此興盛。』閣下莫非就是那位聖人嗎？我太公盼望你好久了！」於是載姜子牙一同回城，奉為國師，尊稱他為「太公望」，這是他被稱為姜太公的由來。

西伯採納姜太公的戰略，一方面修德以招攬天下人心，一方面致力富國強兵。漸漸的，天下諸侯（其實都還是部落）三分之二歸心周西伯，稱他為「文王」，而周集團的實力，此時已經可以跟殷集團相抗衡。

文王崩逝，兒子姬發繼位為周武王，尊姜子牙為「師尚父」，取意「師之，尚之，父之」，也就是言聽計從、最高禮遇、事之如父。

周武王決定要討伐殷紂王，由姜子牙擔任總司令，周軍渡過黃河，到達盟津（黃河渡口）。四方諸侯前來會師的為數八百。八百諸侯都主張，就此一鼓作氣攻向朝歌，可是武王對他們說：「還不行。」於是諸侯各自回家。

大軍集結卻無功而返，這不是犯兵家之大忌嗎？周武王號召諸侯會師，諸侯來了，卻又讓大家回去，那不是尋開心嗎？

事實上，那是姜子牙的既定計畫——先試探八百諸侯的向心力與動員能量。了解己方實力足以一戰之後，耐心等待敵方露出破綻。

周武王派出探子，刺探朝歌內部情況，探子回報：「殷已經亂了。」武王問：「亂到什麼程度了？」回答：「讒慝小人凌駕賢良之士。」武王說：「還不行。」

探子再去，又回報：「亂象更嚴重了。」武王：「亂到什麼程度？」答：「賢良之士出走了。」武王：「還不行。」

探子又去，又回報：「混亂到極點了。」問：「到什麼程度了？」答：「老百姓已經不敢批評、抱怨了。」周武王聽到這個，口中發出：「喔！」即刻將情況告訴姜太公。

姜子牙說：「讒慝凌駕賢良，顯示國君是非不明，賢良受到羞辱，國政勢必大壞；賢良之士出走，政府將無能解決人民的問題，遲早崩盤；百姓不敢批評、抱怨，顯示刑罰太過。殷國的確已經亂到極點，無以復加了。」

於是再向諸侯發出通告，約期會合。周軍動員兵車三百乘，虎賁（勇武之士）三千人，甲士四萬五千人，向東進發，再次渡過盟津，與諸侯會合。武王對諸侯說：「這次必須一舉成功，我們不可能有下次機會！」

聯軍在距離朝歌七十里外的牧野集結，周武王與諸侯一同誓師，姜子牙則頒布了他的戰鬥指導軍令：「六步七步」，每前進六、七步，要停下來齊整隊形，然後繼續前進；「四伐五伐六伐七伐」，軍隊每刺擊四、五、六、七下，必須重整一次隊形。

指揮一支來自八百個部落，語言不一樣、服裝不一樣、兵器不一樣，人數卻多達數十萬人（史書記載兵車四千乘，以每乘搭配一百步兵計算）的雜牌軍，姜子牙的首要課題是，如何不使我軍不致因無法辨識而自相殘殺；其次是如何讓雜牌軍發揮整體戰力。而「六七步與「四五六七」伐，就是他想出來的，簡單易懂，又能始終維持集體戰力的戰鬥指令。在新石器時代，指揮一個來自八百個部落的數十萬人大軍團，那稱得上是天才設計了。

然而，雜牌軍作為鋒銳，衝擊力卻不夠。因此，姜子牙率一百名健卒打衝鋒，武王率「大卒」（主力部隊，包括兵車三百五十乘，虎賁三千人，士卒二萬六千二百五十人）隨後跟進。

紂王這邊，雖然人數占優勢，可是士卒不願意為紂王而戰，甚至暗自希望周武王能夠「拯救他們於倒懸」。周軍一發起衝鋒，殷軍陣腳就出現鬆動，隨後殷軍開始「倒兵以戰」，也就是自動倒戈，轉為幫周武王開路，攻向紂王。七十萬大軍瞬間崩潰，不可收拾。

紂王見大勢已去，逃回朝歌，登上鹿臺。鹿臺是紂王興建，用來積聚搜刮來的財寶。他登上鹿臺，取一種不怕火燒的「天智玉」，將自己環繞起來，然後自焚而死。（因為有天智玉裹住，紂王的形體因此得保完整）

周王朝就此建立，周公建立了封建制度，所有部落與姬姓王族各有封地，中國也由部落政治進入城邦政治。

東方比較不平靜，所以將姜太公封到齊國去「維穩」。後來又發生管、蔡叛亂，於是授權姜太公：「東到大海，西到黃河，南到穆陵（淮河南岸），北到無棣（遼東半島西部），都得以征伐。」齊國享魚鹽之利，又得到征伐之權，於是成為東方的大國。

而姜太公的兵法就此在齊國流傳下來：《孫子兵法》的作者孫武就是齊國人；在孫武之前，齊國出過一位名將田穰苴，他的兵書《司馬法》是「武經七書」之一；戰國名將孫臏是孫武的後人；輔佐漢高祖劉邦的張良，是在齊地得到黃石公傳授「太公兵法」；《三國演義》裡用兵如神的諸葛亮，也是山東人，他高臥隆中，等待劉備三顧茅廬，不就是姜太公「釣周文王」的翻版嗎？以上，能夠讓我們同意：中國的兵法DNA源自姜太公。

【孫子兵法印證】

姜太公是兵家祖師爺，當然不能用他的事蹟來印證《孫子兵法》，可是《孫子兵法》中卻有姜子牙「出現」，在〈用間第十三〉：

昔殷之興也，伊摯在夏；周之興也，呂牙在殷。……能以上智為間者，必成大功。

這一段敘述了「湯武革命」成功的一大要素：商湯打敗夏桀，因為有伊尹（也就是伊摯）輔佐；周武王打敗殷紂王，因為有姜子牙輔佐；而伊尹原本是夏朝的人才，姜子牙熟悉朝歌附近地形（屠牛於朝歌，賣飯於盟津，「盟津」就是周武王會合諸侯的渡口）。易言之，己方的高級人才一旦投靠敵方陣營，就成了敵方的高級「間諜」，因為他能夠完全掌握己方虛實。

而周武王與姜太公評估殷國內部「已經亂到無以復加」才出兵，則成為〈始計第一〉的思想由來：

夫未戰而廟算勝者，得算多也；未戰而廟算不勝者，得算少也。多算勝，少算不勝，而況無算乎！

多數人讀《孫子兵法》，總是想要學習「無敵韜略」，所以初讀者很容易誤以為「計」就是計謀，但孫武的意思卻是「計算」，也包含評估的意思。

簡單說，殷國兵力強大，必須它內部亂到相當程度，周國與諸侯聯軍才有勝算。而姜太公先測試了諸侯聯軍的動員能力，然後運用情報分析，評估殷國與周國的實力消長，認為有勝算才出兵。

也就是說，姜太公主導的牧野之戰為「王道之勝」做了最佳示範，因而成為《孫子兵法》的第一篇主題。

0、孫武——二千五百年前的兵聖

《史記》裡，孫武幾乎是憑空冒出來的，只說他是齊國人，卻沒有家世、沒有師承，沒有任何背景資料。

《吳越春秋》說，孫武「善為兵法，辟隱深居，世人莫知其能」。

難道孫武的兵法是「天賦神通」不成？

這個問題的答案當然是否定的，但事實上沒有更多資料能夠解答。

無論如何，《孫子兵法》二千多年來，始終是中國兵家的聖經。而《孫子兵法》的來歷則記載清楚：

伍子胥由楚國流亡吳國，復仇之念驅使他一再慫恿吳王闔閭伐楚，可是闔閭始終態度曖昧。伍子胥揣摩闔閭心意：闔閭沒有必勝把握，所以猶豫不決。要讓吳王堅定信心，必須要有一員「必勝」的將領。於是他向吳王推薦了孫武。

闔閭召見孫武，孫武向吳王呈獻他的兵法，每呈獻一篇（今本《孫子兵法》共十三篇），闔閭都不禁稱讚：「好！」

也就是說，「孫子十三篇」是孫武呈給闔閭的「企畫提案」，而吳王闔閭當然不會因為孫武「寫得精彩」就照單全收。

於是問孫武：「你的兵法可以小規模的試驗一下嗎？」

孫武說：「包括大王後宮的女子都可以訓練成為不敗雄師。」

闔閭說：「好啊，那就小試一下吧！」

這一場演練原本只是吳王闔閭一時興起想要「小試」，可是卻成就了孫武的經典演出。

孫武說：「希望能以大王的兩位寵姬擔任這支娘子軍的隊長，兩人各領一隊。三百宮女都穿上鎧甲、戴上頭盔，手持劍與盾牌，列隊站好。」

娘子軍列隊完成，孫武口授基本操練動作，要她們隨著鼓聲進退、左右轉，並且頒布軍法：不遵照命令行動者，一律依照軍法制裁。然後下令：「擂鼓一通，全體立正；擂鼓二通，拿著兵器前進；擂鼓三通，擺出戰鬥姿勢。」

聽到這裡，三百宮女都掩口而笑。孫武親自拿起鼓槌擊鼓，宮女仍然嘻笑而不動作。孫武三令五申（不厭其煩的將命令、動作與軍法講清楚），宮女們仍然笑個不停。

孫武勃然發怒，瞪大雙眼，發出類似老虎受到驚駭時的吼聲，頭髮直豎將帽子頂起，甚至繃斷了帽帶，對身旁的軍法官說：「取鈇鑕來！」（鈇鑕，音「夫治」，執行腰斬的刑具）

孫武說：「紀律約束不清楚，指揮號令不明確，是將領的過失。軍令已經說明清楚，甚至三令五申，士卒卻不聽命令，那就是士卒的過失。」問軍法官：「不聽命令做動作，軍法規定的處罰是什麼？」

軍法官說：「斬！」

孫武於是下令將兩位隊長處斬，也就是要斬吳王的兩位寵姬。

闔閭在閱兵臺上看見，急忙派出使者，對孫武說：「寡人已經了解將軍的用兵之法了。寡人若沒有這兩名愛姬，食不甘味，人生無趣，請不要斬她們。」

孫武說：「既然已經受命為將，將在軍中，雖然國君有令，也不一定要接受。」下令斬了兩名隊長，然後揮動鼓槌。三百宮女經此震懾，個個繃緊神經，照著鼓聲前進後退、左右轉，連眼睛都不敢眨一下。隊伍肅靜無聲，沒有人敢轉頭看別人。

於是孫武向吳王報告：「軍隊已經訓練好，恭請大王閱兵。這一支部隊，大王現在要她們赴湯蹈火，都沒有問題了。甚至可以用她們平定天下。」

吳王心情大壞，寫在臉上，說：「寡人知道先生善於用兵了，雖然可以因此稱霸諸侯，可是寡人此刻沒有心情閱兵，先生解散部隊，回館舍休息吧！」孫武說：「原來大王只愛聽兵法理論，根本不想實行！」

但吳王闔閭畢竟是一世雄主，他終於還是任用孫武為將，「西破強楚，北威齊晉」，都是孫武的功勞。

【孫子兵法印證】

《孫子兵法》中一再強調「國君不可干預軍法將令」，包括：

〈謀攻第三〉：將能而君不御者勝。（將領有本事，還得國君不干預，才能打勝仗）

〈九變第八〉：凡用兵之法，將受命於君，……城有所不攻，地有所不爭，君命有所不受。（將領受命之後，戰場上的決策一概由將領決定，國君的命令只是「參考用」）

〈地形第十〉：戰道必勝，主曰無戰，必戰可也；戰道不勝，主曰必戰，無戰可也。（將領在第一線的勝負評估，才是該不該開戰的決策依據）

事實上，孫武在〈始計第一〉就對吳王闔閭「攤牌」：

將聽吾計，用之必勝，留之；

將不聽吾計，用之必敗，去之。

這兩段中的「聽」，就是「聽信」；「計」，就是「計算」，包括「評估、籌畫」。〈始計第一〉是孫武呈獻給吳王闔閭的第一篇，等於現在送提案的重點摘要。孫武的態度堪為「說大人則藐之」的典範——大王採用我的方案，我有必勝把握，我會留下來；不採納，我穿上鞋子就走。

孫武成為中國的「兵聖」，除了他的兵法無人能夠超越之外，很重要的一個因素，就是他立下了「將在軍，君命有所不受」的典範。

柏舉之戰

孫武成為中國二千五百年以來的兵聖，並不是單靠一部《孫子兵法》。吳王闔閭「西破強楚」是吳國霸業的開始，而吳國擊敗楚國的關鍵一役是「柏舉之戰」，那一戰，孫武稱得上用兵如神。

闔閭以伍子胥為軍師，以孫武為大將伐楚。楚軍的大將是子期，深得軍心。伍子胥使出反間計，派人到郢都散布：「伍子胥要報父兄之仇，子期是伍子胥的仇人，非跟他決一生死不可；如果楚國換子常為大將，伍子胥就有可能撤兵。」楚王聽信了謠言，就撤換子期，改由子常為大將。

〈謀攻第三〉：上兵伐謀。「伐謀」的各家注釋中，有一個是「伐其謀主」，也就是針對敵方的主將，或窺其弱點，或用間陷害，伍子胥這就是「上兵伐謀」。

在孫武的策劃下，由吳王闔閭率軍沿長江北岸攻楚，攻下六、潛兩座城（**都在今安徽境內**），然後撤軍回國。闔閭對此不解，問伍子胥跟孫武：「我們攻打楚國，卻打一半住手，不一鼓作氣攻進郢都（**意謂滅其國**），豈不反而招惹強大的仇敵，你們是什麼想法？」

伍子胥跟孫武提出：「子常很貪，對依附楚國的小諸侯需索無度，唐、蔡兩國都跟他有仇，我們應該拉攏唐、蔡。」於是吳王闔閭跟唐侯、蔡侯結盟，三國聯軍伐楚（〈謀攻第三〉：**其次伐交，也就是聯合盟友**），並由孫武率軍循淮水西上，會合蔡、唐兩軍。

這個明目張膽的行動，將楚軍原本布置在方城山（**河南南部**）防衛晉、齊的主力部隊，吸引往南移動。就在此時，孫武下令全軍棄舟登南岸，楚軍主力被他「晾」在淮水北岸（**想要救援郢都，必須繞回方城山，趕到時大勢已去**）。然後孫武直攻郢都，跟子常率領的楚軍

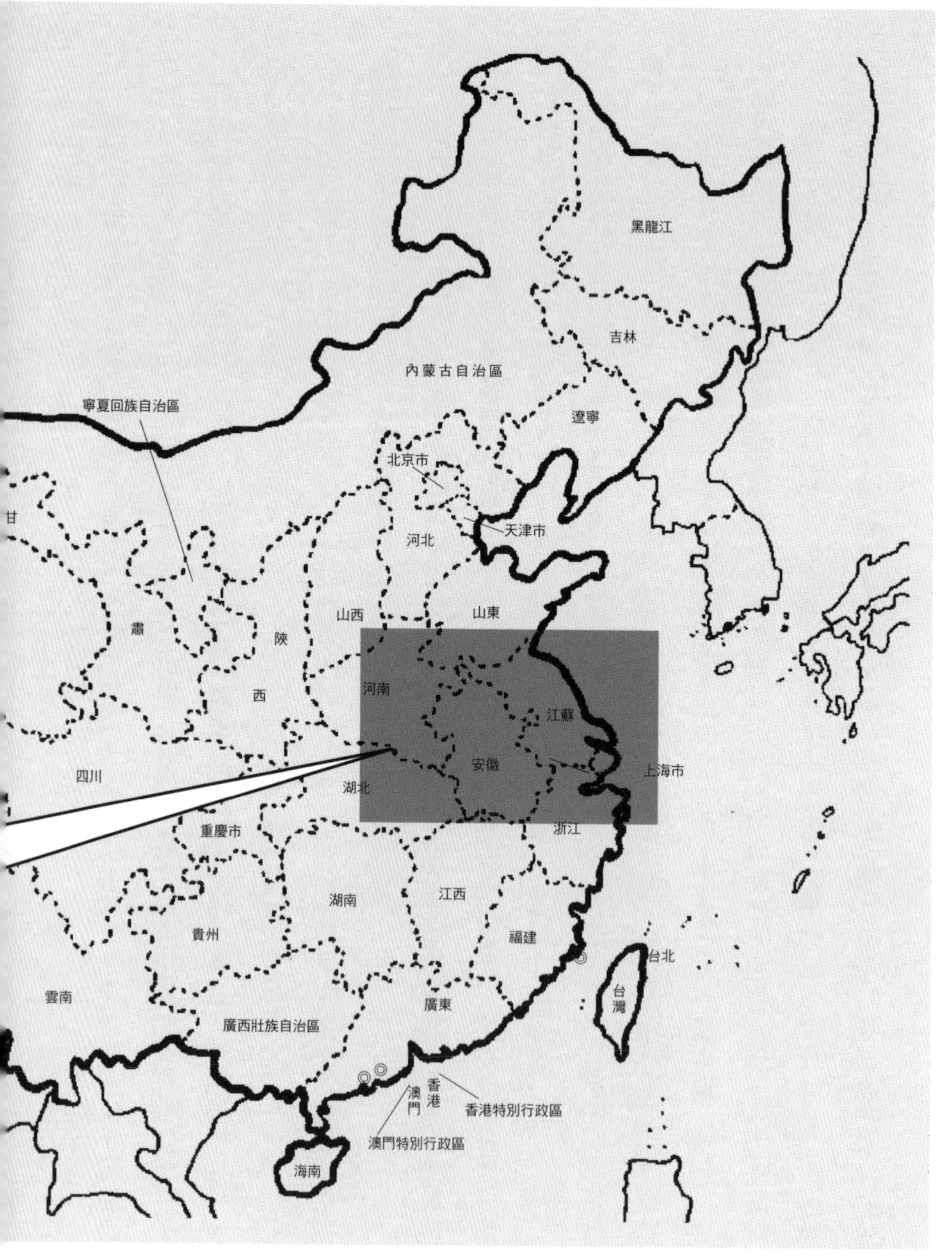
黑龍江
吉林
內蒙古自治區
遼寧
寧夏回族自治區
北京市
天津市
甘
河北
山西
山東
肅
陝
西
河南
江蘇
安徽
上海市
四川
湖北
重慶市
浙江
湖南
江西
貴州
福建
台北
台灣
雲南
廣東
廣西壯族自治區
香港
澳門
香港特別行政區
澳門特別行政區
海南

柏舉之戰示意圖

掃描 QR Code
聽公孫策說書

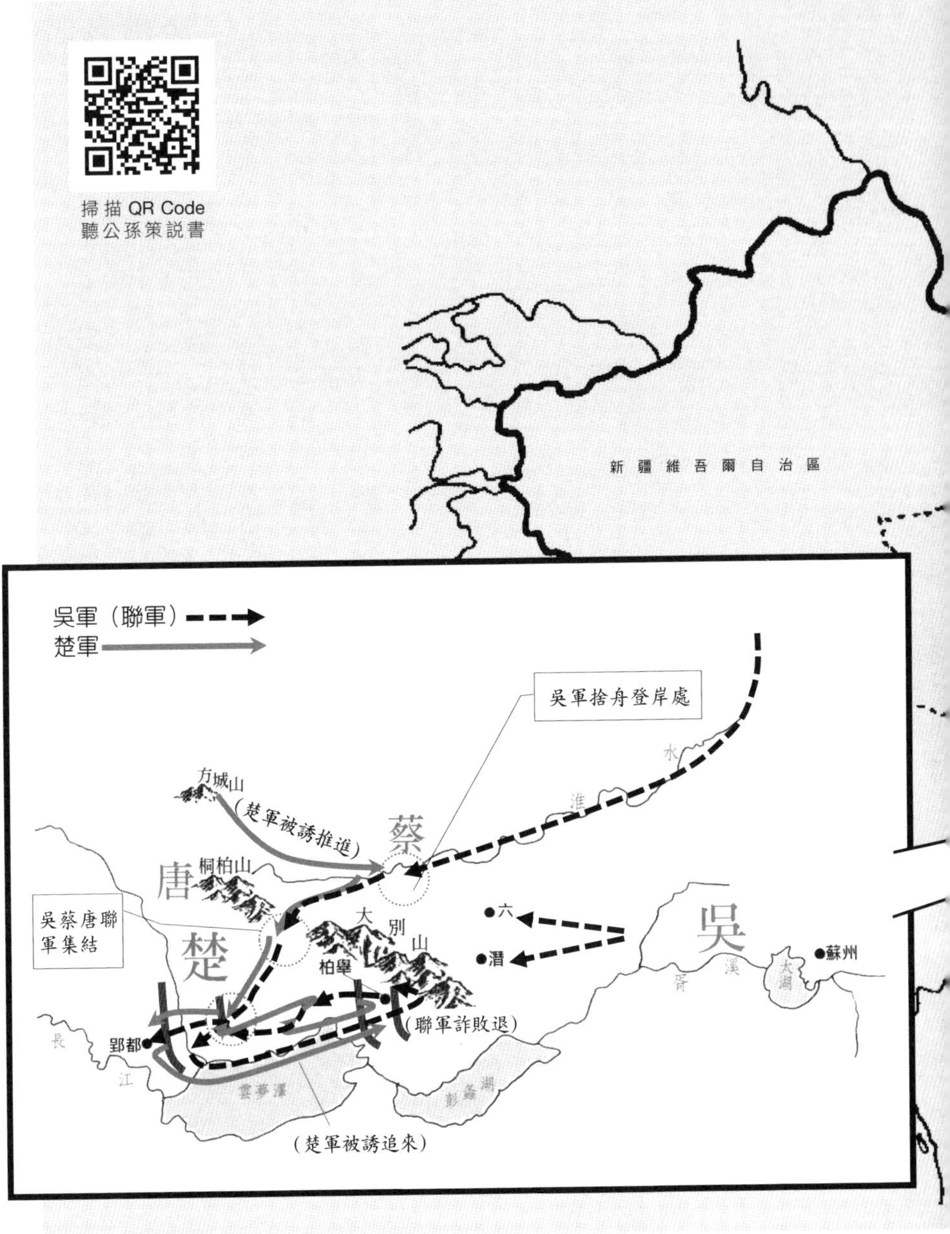

交戰兩個回合，孫武連敗兩陣，但那其實是孫武有計畫的詐敗。

這兩陣有計畫的「敗退」，將楚軍引至小別山與大別山之間，在那裡等著的，是吳王闔閭跟伍子胥帶領的吳國大軍。雙方進行了三次接觸戰，楚軍都不利，一退再退，退到柏舉（今湖北麻城市境內），楚軍結陣，再做抵抗。

闔閭的弟弟夫概王請求出戰，闔閭不准，可是夫概王認為楚軍已經暴露出弱點，率領部下五千人進行突擊（〈地形第十〉：戰道必勝，主曰無戰，必戰可也）。果然楚軍一觸即潰，陣勢大亂。

闔閭見夫概部隊突擊得手，立即下令主力部隊投入戰鬥，楚軍迅速崩潰。副帥史皇戰死，主帥子常不敢回郢都，棄軍逃往鄭國。吳軍乘勝追擊，攻進了郢都。

武經七書之一的《尉繚子》作者評論春秋戰國名將：「領九萬軍隊而無敵於天下的是齊桓公，領七萬軍隊而無敵於天下的是吳起，領三萬軍隊而無敵於天下的是孫武。」給了孫武最高的評價。

勝之道

本事

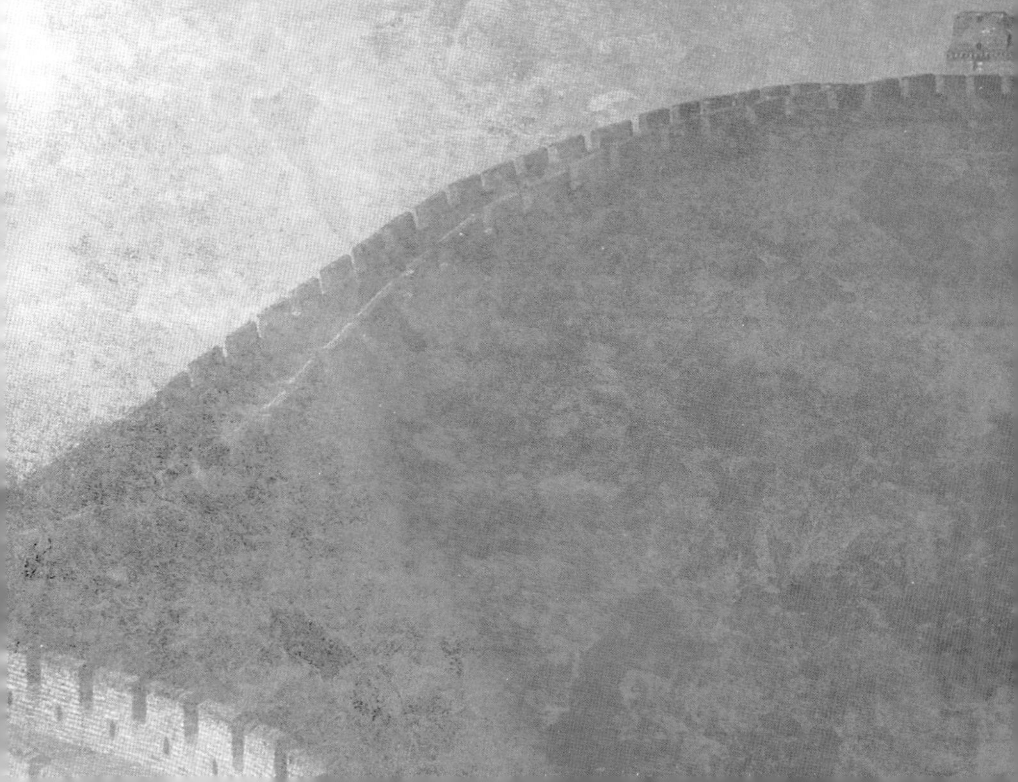

01、司馬穰苴——不戰而屈人之兵

春秋時代，燕國聯合晉國攻打齊國，齊軍節節敗退，齊景公為軍事失利而憂心忡忡。宰相晏嬰向景公推薦：「田氏族中有一個奇才田穰苴，此人雖然是偏房庶出，地位不高，可是他文武全才。文能得士眾之心，武能威懾敵人，國君不妨跟他談談。」

齊景公召見田穰苴，一談之下，大為欣賞。當場任命他為將軍，領兵對抗燕晉聯軍。田穰苴對景公說：「我的地位卑微，國君一下子把我擢升為將軍，位在大夫之上，唯恐士卒還不服氣，百姓也不信任。希望國君能派一位你素來親信，國人一向都尊重的大臣，擔任監軍，才能指揮得動軍隊將士。」

景公立即指派最親信的莊賈擔任監軍。

穰苴退朝後，就跟莊賈約定：「明天正午在軍營門口會合。」

隔天上午，穰苴先行到達軍營，布置好計時的表木（以日影計時）和水漏（以滴水計時），等待莊賈到來。

莊賈是景公寵臣，一向驕貴，以為自己是監軍，沒把跟田穰苴的約會放在心上；親戚朋友為他餞行，殷殷勸酒，一再挽留，令莊賈喝得忘了時辰。

正午到了，表木已經無影，莊賈仍不見人影。田穰苴將表木放倒、水漏放乾，進入軍營，集合軍隊，申明軍法規定。

一直到黃昏時分，莊賈才姍姍來遲。

穰苴問他：「為什麼約會遲到？」

莊賈說：「我的親戚和大夫們擺酒相送，一再挽留，盛情難卻，所以遲到。」

穰苴臉色一正，說：「將軍從接受命令那一天，就該忘了家庭；進入軍營，一切遵守軍法約束，就該忘了親人；上了戰場親自擊鼓指揮，就該忘了自身安危。如今敵軍侵入國境，國內騷動，士卒暴露在戰場之上，國君寢不安席、食不甘味，百姓的身家性命都寄託於你，還搞什麼餞行？」

轉頭把軍法官召來，問：「軍法中『不能如期會合』該當何罪？」

軍法官說：「當斬。」

莊賈一聽此言，嚇壞了，趕緊派人飛馳報告景公求救。

可是，田穰苴可不會等到國君的命令到來（那就尷尬了），他下令將莊賈立時處斬，並且將首級遍示三軍，三軍將士為之震慄。

等到景公的使節到來，車馬直接馳入軍營。

穰苴對使者說：「將在軍，君命有所不受。」然後轉頭又問軍法官：「在軍營內奔馳馬車，該當何罪？」

軍法官說：「當斬。」

使者聽到，也嚇壞了。

穰苴說：「國君的使者是不能殺的（持節即代表國君親臨）。」於是斬了使者的隨從，拆了車子左側立木，砍了左邊拉車的馬，遍示三軍。然後讓使者回去覆命，部隊隨即開拔。

行軍途中，軍隊每天夜宿安營，田穰苴必定要求鑿井立灶，先解決士卒飲食問題，而且將軍的糧食跟士卒完全一樣。有生病受傷的，穰苴親自慰問；那些身體比較弱的，挑出來休息，三天後才參加操練。如此作風，使得士卒人人爭著上戰場，連生病受傷的也要求跟著部隊前進，願意為大將作戰。

晉軍打探到齊軍的士氣高昂，主動撤軍回國。燕軍聽說晉軍撤退，也渡過黃河退回燕國境內。田穰苴把握機會，縱兵追擊燕軍，收復了之前的全部失土。

齊軍班師凱旋，還不到臨淄城，先解除軍隊武裝，終止軍法約束，宣誓立約（效忠國家）後才進城。齊景公率領諸大夫在郊外迎接，進行勞軍儀式，然後所有人解散回家。

齊景公隔天召見田穰苴，尊奉他為大司馬，而田氏自此在齊國日益受到尊重。

後來，齊國原本的掌權家族鮑氏、高氏、國氏忌憚田氏的勢力茁壯，就向景公進讒。景公免了田穰苴的大司馬職務，穰苴因此鬱悶病發而死。

到了春秋時代晚期，田氏將高、國等大族都滅了，田和篡位自立為齊威王。齊威王要大夫們將田穰苴的兵法整理成書，稱為「司馬穰苴兵法」。這部兵書後來堙沒殘缺，雖然只有部分傳到後世，仍然被列入「武經七書」之一，世稱《司馬法》，而田穰苴也被尊稱為「司馬穰苴」。

【孫子兵法印證】

司馬穰苴的事蹟有很多考證，認為《史記》的記載有爭議空間。然而，本書不做考證，而是拿田穰苴的作為跟《孫子兵法》做印證，因此，年代先後無須太計較。

一旦拋開誰先誰後的爭議，司馬穰苴事實上完成了《孫子兵法》中的兩句傳奇名言：

〈謀攻第三〉：百戰百勝，非善之善者也；不戰而屈人之兵，善之善者也。

〈地形第十〉：視卒如嬰兒，故可與之赴深谿。

前一句千年來被人當神話看待，質疑「哪有可能不戰而屈人之兵」？但司馬穰苴確實做到了，他的武器是「高昂士氣所展現的氣勢」。

後一句放在〈地形篇〉，初看似乎不搭嘎，但是深入體會就能領悟：在了解戰場上有哪些險惡地形之餘，還得了解軍隊肯不肯追隨主將進入險惡地形赴戰。以司馬穰苴的例子，他跟士卒共飲食、愛護病患與體弱者，做到「視卒如嬰兒」，因此全軍都願為「母親」赴戰。

更好的例子是三國時鄧艾伐蜀：

蜀將姜維堅守劍閣天險，魏將鄧艾久攻不利，於是親率二千兵馬，繞道陰平，翻越摩天嶺。由於山路艱險，馬不能行，開路壯士盡皆哭泣。

鄧艾對軍士說：「不入虎穴，焉得虎子。」自己用厚氈裹身，率先滾下山崖，將士學樣跟進，二千軍隊如天降神兵，進入成都平原後，蜀漢無險可守，劉阿斗就投降了。

假設一種情況：鄧艾如果平常不能「視卒如嬰兒」，當他率先滾下山崖後，發現沒有人跟下來……。於是你知道《孫子兵法》的深意了吧！

02、吳起——為小兵吮疽的大將

跟孫子齊名的兵法大師吳起，是戰國初期衛國人，在魯國的季孫氏門下為客。

齊軍攻魯，季孫氏向魯穆公推薦「吳起知兵」，魯穆公有意用吳起為將，可是魯國其他貴族忌諱季孫氏，杯葛吳起，質疑吳起的老婆是齊國人。吳起為了表示忠貞，殺了妻子，於是魯穆公命他為將，大破齊軍。

魯國貴族這下子更忌諱了，繼續打針下藥：「吳起為了個人成名，母親死也不回家，如今又殺妻求將，這個人品德有問題。」魯穆公態度因此改變，剛好季孫氏死亡，吳起孤立無援，只好離開魯國。

戰國初期，諸侯中第一個稱雄的是魏國，魏文侯任用了很多人才，由李克（李悝）主持經濟、西門豹主持水利，並且禮賢儒士，包括孔子的學生卜子夏。吳起聽說魏文侯尚賢，就去了魏國。

魏文侯問李克：「吳起這個人怎麼樣？」

李克說：「吳起貪而好色，但若論及用兵，從前的名將司馬穰苴也不能跟他比。」

於是魏文侯召見吳起。

吳起知道魏文侯崇尚儒家，就穿上儒生服裝進見，然後大談用兵方略。

魏文侯說：「寡人不喜歡軍旅之事。」

吳起說：「主君為什麼言行不一呢？你一年四季派人殺獸剝皮，將皮革塗上紅漆、繪以顏色，還烙上犀牛和大象的圖案。這些皮革，冬天穿不暖和，夏天穿不涼爽，都是用來披覆戰車、包裹輪轂，另外更打造了大量的長短戟，主君用它來做什麼呢？」

講到這裡，見魏文侯並未因為自己故作姿態被拆穿而惱怒，於是吳起繼續：「主君製造了那麼多兵器與戰具，如果不尋求能夠發揮戰力的人，就好比用母雞去跟狸貓搏鬥，用乳犬去挑戰老虎，雖然有拚鬥的決心，但結果卻是死亡。賢明的君主對內修德政，對外治武備；面對敵人而不能進擊，稱不得『義』，只能為陣亡將士悲傷，稱不得『仁』。」

於是魏文侯擺酒宴，夫人親自捧酒，在魏國宗廟裡拜吳起為大將。吳起擔任大將期間，率軍與諸侯大戰七十六次，全勝六十四次（此處稱「全勝」，跟《孫子兵法》定義相同：軍事勝利且保全軍隊），其餘十二次不分勝負（也就是說，吳起擁有「百分之百不敗」

的紀錄）。

吳起的不敗紀錄怎麼來的？

吳起身為大將，與基層士卒同衣食（跟司馬穰苴一樣作風）、共甘苦（睡不設蓆、行不騎乘）。有一個小兵長了膿瘡，吳起親自為他吸吮膿液。那個小兵的媽媽聽到這個消息，痛哭失聲。

人家問她：「大將為妳的兒子吮疽，愛護兵卒如自己兒子，妳為什麼反而痛哭呢？」

那位母親說：「你有所不知，當年吳公也曾為孩子的爹吮疽，孩子他爹上了戰場，奮不顧身，不久就陣亡了。吳公如今又為孩子吮疽，我不敢想像會發生什麼事情，心亂如麻，所以哭啊！」

魏文侯賞賜吳起美酒數罈，吳起召集軍隊，在河邊排成兩列，將國君賞賜的美酒，在上流處傾倒入河水，下令全軍共飲。

簡單說，吳起把小兵當兒子，把將士當兄弟，也就是用親情加上義氣，將軍隊結合成為「子弟兵」。

魏文侯時期，國富兵強。吳起攻下了原屬秦國的黃河以西地方，魏文侯任命吳起為西河守。（注：三家分晉之前，秦、晉一直以黃河為天然國界）

魏文侯死後，魏武侯即位。一次，魏武侯偕大夫們乘船巡視西河郡，船到中流，魏武侯回頭對吳起說：「你看這山河，形勢多麼險峻，真是我魏國之寶啊！」

吳起說：「國家安危『在德不在險』，如果國君不修德，這艘船裡的人，個個都會成為敵人。」

這就是吳起，總是「白目」說些讓國君不順耳的話。當初說魏文侯「言行不一」，由於魏文侯心胸寬大，仍受重用。但是魏武侯不如他爸爸，當下聽到時，口頭稱善，心裡卻不舒服，但是仍然借重吳起的軍事長才。

魏武侯問吳起：「我國的四鄰，西邊有秦、南邊有楚、北邊有趙、東邊有齊，後面有燕，前面有韓，我國必須四面防守，形勢不利，你看該怎麼辦？」

吳起說：「國家安全首要是有戒備，如今主君有戒備之心，已經能夠遠離禍患。且讓我分析（六國的）敵情：齊軍人數眾多，但不堅固；秦軍陣勢雖然鬆散，但能各自為戰；楚軍陣容嚴整，但不能持久；燕軍長於防守，但機動性不足；三晉（韓、趙、魏）陣容整齊，但戰鬥意志不夠強。」

然後吳起提出對策：「齊人性情剛強，國家富足，但君臣驕奢，忽視民眾利益，以致於一陣之中人心不齊，所以說他們陣勢龐大但不堅固。對付他們的方法是：將我軍分為三部，各以一部側擊其左右兩翼，以第三部趁勢從正面進攻，就可以攻破了。

「秦人性情強悍，且政令嚴格，賞罰嚴明，士卒臨陣爭先恐後，鬥志旺盛，所以能在分散的陣勢中各自為戰。對付他們的方法是：以利誘之，趁他們的士卒因爭利而脫離其將領掌握時，施予強力打擊，並且設置伏兵，伺機取勝，就可以擒獲他們的將領。

「楚人服從性高，但政令紊亂，民力疲困，所以陣勢雖然嚴整但不能持久。對付他們的方法是：先襲擾他們的駐地，挫折他們的士氣，然後以小部隊突然進擊、突然撤退，使其疲於應付，絕不跟他們決戰，這樣就可打敗他們了。

「燕人性情樸實，行動謹慎，好勇尚義，缺少詐謀，所以善於堅守陣地而缺乏機動性。對付他們的方法是：一接觸就壓迫他們，打一下就撤走，然後奔襲他們的後方，使其將領疑惑、士卒恐懼，再在他們撤退必經的道路上設下伏兵，他們的將領就可被我俘獲。

「韓國和趙國原本都是晉國人，晉國的政令平實，百姓久經戰爭疲於戰禍，輕視其將帥，不滿其待遇，士兵沒有死戰的決心，所以陣容整齊但戰鬥意志不夠強。對付他們的方法是：用堅強的部隊迫近他們，他們如果來攻就迎頭痛擊，如果退卻就乘勝追擊，只要能讓他們疲憊就成功了。」

後來，秦國發兵五十萬人攻打魏國的陰晉（今陝西華陰縣），吳起向魏武侯請纓，說：「一個不怕死的亡命之賊，藏匿在山野裡，動員上千人去緝捕他，每一個都梟視狼顧（梟：貓頭鷹。梟跟狼都能一百八十度向後看），為什麼？因為怕那個死賊突然跳出來攻擊自己。也就是說，一人拚命，能使千人畏懼。如今，我願意帶領五萬士卒出戰，讓他們都像死賊一樣拚命。」

魏武侯撥了五萬軍隊給吳起，外加戰車五百乘，戰馬三千匹。結果，吳起大敗秦軍。吳起的功勞太大，魏國的貴族因此在武侯面前下藥：「吳起畢竟不是魏國人，就怕他懷有二心。」

武侯問：「那能怎麼辦？」

宰相公叔說：「主君可以試探他，就說要將公主許配給他，吳起如果一心為魏國，就會答應。若有二心，就會遲疑。」

公叔本人就娶了武侯的女兒，他對魏武侯提出建議之後，當天便邀吳起到自家官邸宴飲。事前夫妻倆已經串通好演雙簧，於是公主在吳起面前，完全不給公叔面子。

隔天，魏武侯向吳起提親，吳起前晚見識了公主的雌威，於是推辭這門婚事。這下子引起了魏武侯的疑慮，而吳起也發覺自己處在險境，就離開魏國，去了楚國。

楚悼王聽說吳起到來，立刻任命他當宰相。吳起雖然在魯國、魏國都被貴族排斥，但是他在楚國仍然不跟貴族妥協：發動一連串的改革，廢除非必要的官職，血緣與王室比較疏遠的貴族收回其祿田，省下來的錢，都用來養戰鬥之士。

楚國因此富強，南邊平百越，北邊併陳、蔡，擊退三晉來犯，西邊攻打秦國，楚悼王威震諸侯。

可是楚國的貴族恨死了吳起，悼王一死，貴族們就聯合起來攻擊吳起。吳起沒地方可逃，跑進楚悼王的靈堂，趴在悼王大體上面。後面追上來的人，不敢進靈堂，只好向裡面發射弓箭……吳起被射死了，可是楚悼王的大體卻也中了很多箭。

太子即位（楚肅王）後，下令將那些「向著悼王射箭的傢伙」處死，而且「夷三族」，牽連了七十餘家。

吳起死了都還能報仇！

【孫子兵法印證】

吳起跟孫武都採用了「說大人則藐之」的策略，成功推銷了自己，也讓自己的兵法揚威當代、流傳後代。

吳起為小兵吮疽，並不僅限於「恩結」而已，而是恩威並濟：

> 〈行軍第九〉：卒未親附而罰之，則不服，不服則難用。卒已親附而罰不行，則不可用。

他對魏武侯分析六國軍隊的特性，更是《孫子兵法》「知彼知己」的經典範本。《孫子兵法》中，提到「知彼知己」有兩處：

> 〈謀攻第三〉：知彼知己，百戰不殆；不知彼而知己，一勝一負；不知彼不知己，每戰必殆。

> 〈地形第十〉：知彼知己，勝乃不殆；知天知地，勝乃可全。

〈謀攻篇〉講的是國家戰略，吳起對魏武侯所言，屬於這個層次。〈地形篇〉講的則是戰場上因地制宜，而吳起能夠「七十六戰，六十四勝十二和」，當然達到了孫子「全勝」的最高境界。

03、長平之戰——秦軍坑殺四十萬趙卒

魏國「擠走」了吳起，後來又「放走」了一個超級人才商鞅去秦國。秦孝公重用商鞅，變法圖強，奪回了河西地（秦穆公時代的固有疆土），秦國開始向東擴張。六國感受到壓力，於是結成「合縱」盟約（蘇秦提倡），六國合力抗秦。當時的縱約長（盟主）是趙國，趙武靈王時進行胡服騎射戰術改革，使得趙國軍事力量強大，足以抵抗秦國。

但是，六國之間的互信基礎薄弱，「合縱」沒有維持太久，就被秦國利用外交與分化手段（包括張儀提倡的「連橫」）瓦解。六國相互攻伐，秦國很聰明的獲取漁翁之利，史書形容秦國當時成功做到「兵動而地廣，兵休而國富」。

秦國當時是秦昭王在位，他雄才大略且手段靈活，對付六國無所不用其極：籠絡、收買、造謠、誹謗、威逼、暗殺，以及離間，以此奠定了吞滅天下的基礎，他的曾孫秦始皇

則畢竟全功。

統一大業必須以軍事勝利總收其成，秦昭王慧眼識英雄，拔擢了很多名將：白起、王翦、王齕等。這些名將不斷的取得勝利，終於「六王畢，四海一」。這個過程中，最關鍵的一戰，是秦、趙長平之戰。

秦趙原本距離很遠，不太起衝突。只因為秦國不斷擊敗韓、魏，尤其是伊闕之戰殲滅韓魏聯軍二十餘萬人，兩國各割讓二百里地予秦以議和。韓魏幾乎淪為秦的尾巴國，秦國的箭頭乃指向趙國。而趙國仗著外交奇才藺相如，以及廉頗、樂乘、趙奢等名將撐持，還能抵抗秦國於一時。

秦軍為了打通一條可以直接進攻邯鄲（趙國都城，今河北邯鄲市）的戰術走廊，攻打韓國上黨（今山西東南部長治市一帶）地區，大軍包圍閼與（今山西晉中市附近），韓國緊急向趙國求援。

趙惠文王問廉頗：「閼與可以救嗎？」

廉頗回答：「距離既遙遠，地形又險惡狹窄，難救。」

趙王再問樂乘。

樂乘跟廉頗相同見解。

趙王再問趙奢。

趙奢說：「確實道遠險狹，但就如兩隻老鼠在地下洞穴中相鬥，將領勇敢的一方將能勝出。」

於是，趙王命趙奢領兵救援閼與。

【孫子兵法印證】

從邯鄲前往閼與必須通過太行山，太行山在古代是天然險阻，通過太行山只能取道「太行八陘」。「陘」字的本義，是山脈中間自然阻斷之處。想當然它既直又窄，也就是《孫子兵法》說的「隘形」。

〈地形第十〉：隘形者，我先居之，必盈以待敵；若敵先居之，盈而勿從，不盈而從之。

意思是：如果我軍先據得隘形，就在隘口布滿重兵，不讓敵軍有隙可乘；如果敵軍先占有，而且已經占領隘口，就不可與他作戰，若沒有完全占領隘口，則可以一戰。

廉頗與樂乘的見解是著眼於前句：距離既遠，很可能敵軍已經占領隘口，難度很高。「難度高」雖非「不可能」，但因為是援救外國，因此不建議出兵。

趙奢的見解則是著眼後句：秦軍即使已經入陘，但只要他們還沒占領隘口，就可以一戰，好比「兩鼠相鬥穴中」，勇敢的一方勝出。

趙奢帶領軍隊離開邯鄲三十里，下達軍令：「任何人提出戰術建議，處死刑。」當時秦軍推進到武安城西邊，駐紮並鼓譟，武安城內屋瓦都為之振動。

趙軍有一位軍官提出：「應該趕快去救武安。」趙奢立即將他斬首。同時下令建構堅強的防禦工事，一停就是二十八天，不往前進，還下令繼續增強工事。

秦軍派間諜到趙營窺探，被捉到，趙奢好好款待他一番，然後放他回去。間諜回報秦將，秦將大喜，說：「才出國都三十里，就駐紮不走，還加強工事，閼與是我囊中物了。」

【孫子兵法印證】

〈用間第十三〉：用間有五，……有反間，……反間者，因其敵間而用之。

趙奢這邊，在遣回秦軍間諜之後，立即下令全軍，只攜帶輕裝備，急行軍兩天一夜，直奔閼與。先派出一支特種部隊，全由射箭好手組成，在距離閼與五十里的地方停下來，構築工事。等到防禦工事完成，秦軍才發覺，匆忙趕來。

有一位軍士許歷，請求提出戰術建議，說：「我甘願接受軍法的刑罰。」趙奢准他發言，說：「刑罰的事，等回邯鄲再說。」許歷於是建議：「閼與城北有山，是戰術制高點，先上者勝，後至者敗。」

趙奢採納這項建議，派出一萬軍隊奔上北山。秦軍到達，想要爭奪山頭，仰攻不利，攻勢受挫。趙奢見狀，縱兵攻擊，大破秦軍，閼與就此解圍。趙奢凱旋歸國，並擢升許歷為軍官。

【孫子兵法印證】

〈地形第十〉：險形者，我先居之，必居高陽以待敵；若敵先居之，引而去之，勿從也。

「險形」和前面說的「隘形」同為〈地形篇〉歸納的六種地形之一。許歷的建議符合《孫子兵法》的原則，趙奢正確的採納了；相對來看，秦將則違反了原則，因此敗戰。

隔年，秦軍再犯閼與，又被趙軍擊退。可是，七年後，秦將白起率軍攻打韓國，攻下野王（今河南沁陽市），切斷上黨地區與韓國都城新鄭（今河南新鄭市）之間的交通。上黨守將馮亭跟將領們商議，決定投降趙國，請趙國出兵救上黨。

趙孝成王徵詢平陽君趙豹的意見。

趙豹說：「這是禍，不是福。」

趙王再問平原君趙勝。

趙勝認為，上黨若落入秦國手中，就跟趙國接壤了，一樣是接壤，與其讓給秦國，不如趙國擁有上黨，主張接受。

於是，趙王命趙勝去上黨接收，卻引來秦軍更激烈的攻擊，最終上黨城被秦軍攻陷。

秦王命王齕領軍攻擊趙國，趙王派老將廉頗駐守長平，廉頗深溝高壘，堅守不出應戰，王齕拿他沒辦法。

秦國宰相范雎提出千金（黃金一千鎰，約當二萬兩）經費，在邯鄲散布耳語：「廉頗年齡大了，所以怯於出戰，秦國最怕的是趙奢，趙奢雖然死了，他的兒子趙括不輸老爸。

一旦趙括當大將，秦軍恐怕連逃都來不及。」

趙孝成王年輕氣盛，早就對廉頗堅壁不出極為不滿，聽到滿城耳語，乃下令由趙括接替廉頗。

藺相如勸諫：「大王用趙括為將，無異膠柱鼓瑟（瑟是一種撥弦樂器，將瑟調弦的柱膠住，就彈奏不出音樂了）。事實上，趙括只是熟讀他爹的兵書，卻不通戰場上的變化。」

【孫子兵法印證】

〈九變第八〉：將通於九變之利者，知用兵矣。

〈九變篇〉細述五種地形變化、四種戰術變化，上面這一段文字的要點則在那個「通」字。也就是說，光是「知道」有哪些變化，而不能因地制宜、因勢制宜，談不上「知兵」。以藺相如對趙括的了解，他只是熟讀兵書，「知道」有哪些變化而已，談不上「通變」。也就是趙括雖然「說得一口好兵法」，總是能夠辯贏老爸趙奢，但是擔任大將指揮作戰卻不行。

無論如何，趙王的命令已經下達，趙括去到長平前線，接替了廉頗。

接獲情報，最高興的莫過於秦昭王，他祕密任命白起為上將軍，另領一軍開赴前線，並取代王齕，全權指揮長平戰場，同時下令：洩漏這個最高機密者處斬。

【孫子兵法印證】

〈用間第十三〉：故三軍之事，……事莫密於間，……間事未發而先聞者，間與所告者皆死。

趙括到了前線，一改廉頗的堅守戰術，下令出擊。

白起則下令前方部隊偽裝敗退，私下伸展左右兩翼。

趙括「乘勝」追擊，直抵秦軍營壘。白起固守不出，趙括久攻不利。

等到秦軍二萬五千人的兩翼部隊完成包抄，白起以五千精銳騎兵切斷趙軍退路，而進攻秦軍營壘的趙軍被分割為二，糧道也隨之斷絕。

趙軍被分隔包圍，進退不得，趙括束手無策，只能就地築起營壘，等待救兵。由於趙軍有四十五萬之眾，秦軍一時無法將之擊潰。

秦昭王獲報，知道機不可失，於是御駕親臨河內郡，下令全國十五歲以上的男子，全數前往長平，傾全力斷絕趙國的救兵與糧秣。

【孫子兵法印證】

〈虛實篇〉可做為前述戰鬥過程的教本：白起利用趙括急於求功的心理，用詐敗誘敵之計，正是「能使敵人自至者，利之也」；而趙括則應了「不知戰地，不知戰日，則左不能救右，右不能救左，前不能救後，後不能救前」。

趙軍斷糧四十六日，饑不可忍，營壘內相殺吞食，無法繼續堅守。趙括遴選精銳，組成四隊，向四方衝殺，希望能找到空隙突圍。

可是白起布下的包圍圈猶如銅牆鐵壁，趙軍反覆衝殺四、五次，死傷遍地，仍無法找到空隙。於是趙括親自率領大軍，進行最後的突圍行動，但秦軍不跟他肉搏對戰，只以弓箭對付，箭如雨下，趙括中箭而死。大將陣亡，趙軍軍心崩潰，雖仍有四十萬之眾，但卻都飢餓且疲憊，陸續棄械投降。

白起下令，將投降的趙軍全數坑殺！只留二百四十個年輕軍官活口，放他們回邯鄲報凶信。

經過這場戰役，趙軍主力全滅，不再有能力對抗秦國。秦國從此蠶食鯨吞，三十七年之後，秦始皇統一天下。

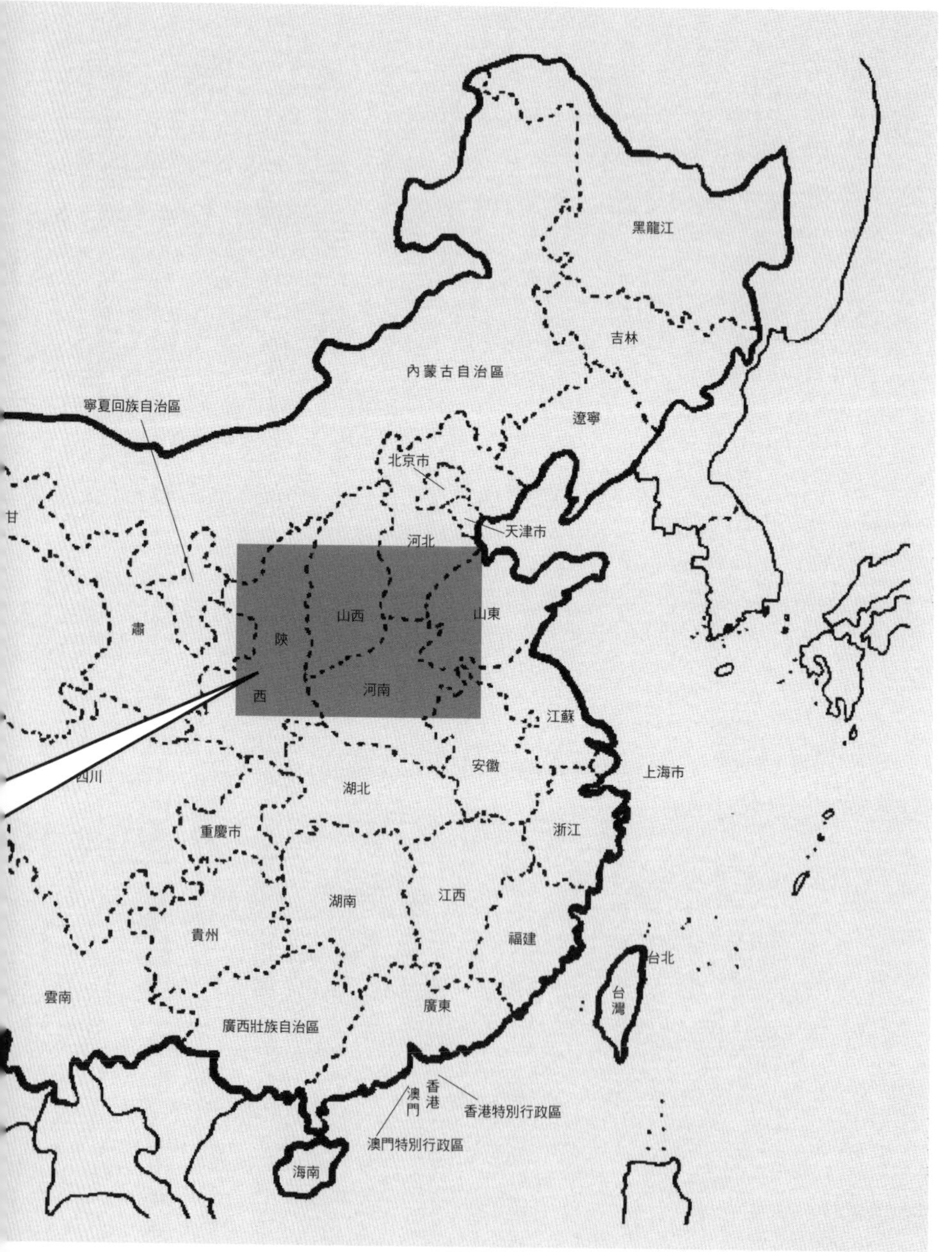
黑龍江
吉林
內蒙古自治區
遼寧
寧夏回族自治區
北京市
天津市
河北
甘
肅
山西
山東
陝
西
河南
江蘇
四川
湖北
安徽
上海市
重慶市
浙江
湖南
江西
貴州
福建
台北
台
灣
雲南
廣東
廣西壯族自治區
香
港
澳
門
香港特別行政區
澳門特別行政區
海南

長平之戰示意圖

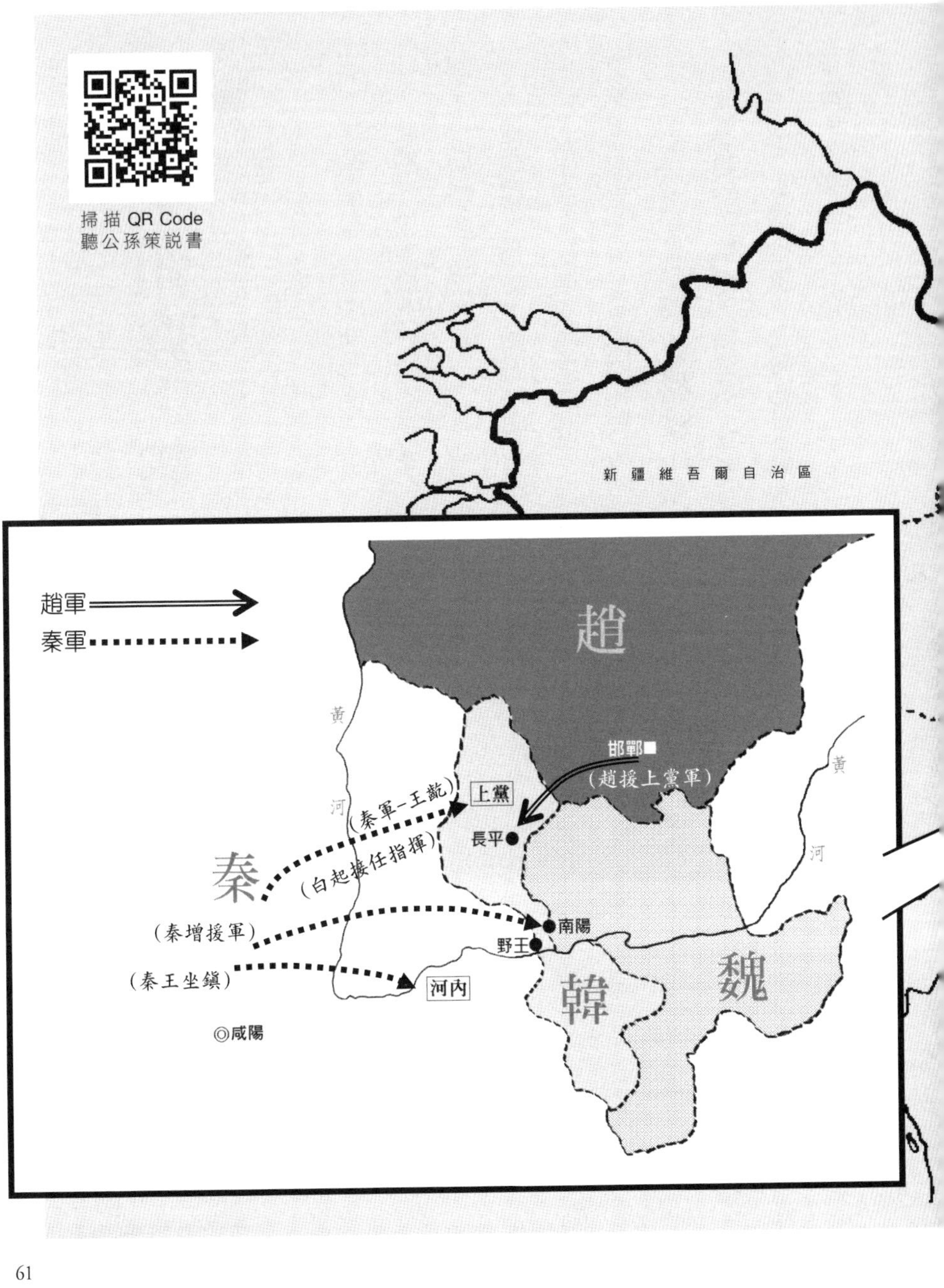
掃描 QR Code
聽公孫策說書
新疆維吾爾自治區
趙軍
秦軍
趙
邯鄲
(趙援上黨軍)
黃
河
黃
河
上黨
(秦軍－王齕)
長平
秦
(白起接任指揮)
(秦增援軍)
南陽
野王
(秦王坐鎮)
河內
韓
魏
◎咸陽

04、鉅鹿之戰——項羽破釜沉舟擊潰章邯

秦始皇死，秦二世即位。

陳勝、吳廣以九百戍卒揭竿起義，各郡縣人民苦於秦法嚴苛，紛紛誅殺官吏，響應陳勝，一時風起雲湧。

陳勝順勢稱王，國號「張楚」，根據地在陳（今河南淮陽縣）。派出「兩路半」人馬：武臣領軍向北攻取故趙國地盤；周市領軍向西攻取故魏國地盤（以上各為一路）；周文則只發給將軍印信，命他招兵買馬（只能算「半路」），直入關中攻秦。

周文曾經是楚國大將項燕軍中的占卜師，也曾當過春申君的門客，自稱素通兵法。他一路號召民眾抗秦，到達函谷關時，已經擁有戰車千輛，步兵十萬人。而在他通過函谷關時，幾乎未遇抵抗，大軍進抵戲水（今陝西臨潼縣東），距離咸陽不到百里（直線距離相當於五十公里）。

【孫子兵法印證】

《孫子兵法》第一篇就強調，以「道天地將法」（五事）為衡量勝負的指標。排在第一位的「道」，孫子說：「道者，令民與上同意也。」

陳勝、吳廣揭竿起義，一時風起雲湧；周文號召民眾抗秦，一下子聚集十萬人；而「戰車千輛」更是富豪支持義軍的明證。

人民不怕死的支持義軍，秦二世「失道」殆無疑義，可是陳勝、周文卻並非「得道」，所以倏起倏滅，不能持久。

敵軍已經逼近咸陽，秦二世召集百官，口中直問：「怎麼辦？」少府（掌農林）章邯說：「盜匪已到門口，此時徵調關中附近駐軍緩不濟急。所幸驪山有為數眾多的囚徒（為建築驪山陵與阿房宮，調全國囚犯來做工，稱為驪山徒），請陛下赦免他們的罪，交給他們武器，出城迎擊盜匪。」

於是秦二世下令大赦，派章邯帶領驪山徒迎戰周文帶領的楚軍。結果楚軍大敗，退出函谷關。（楚軍人多勢眾，但卻是烏合之眾；秦軍雖是囚徒組成，但彼此相識，且有驪山陵的工程管理體系，加上咸陽城內的秦軍軍官，構成指揮系統，因而楚軍不堪一擊）

周文撤退到曹陽（今河南靈寶縣東北）整頓，停留兩個月，沒等到援軍（其實他知道不會有援軍），也不敢再進攻關中，陷入進退不能的尷尬情境。

【孫子兵法印證】

〈虛實第六〉：故知戰之地，知戰之日，則可千里而會戰。不知戰地，不知戰日，則左不能救右，右不能救左，前不能救後，後不能救前。

很顯然，周文一路推進得太順利了，所以來不及對戰場做功課，而挫敗又來得太快，他可能根本不曉得自己身處何處，才會如此進退不知所措。

可是秦帝國卻已經徵調關中附近的正規軍，集結後由章邯領軍，出關追擊。周文再敗，退到澠池（今河南澠池縣）。

秦軍再度發動攻擊，楚軍潰不成軍，周文自殺。

秦二世決定乘勝進剿東方「群盜」，派章邯為上將，司馬欣、董翳為副將，大軍直指陳縣。張楚軍隊在陳縣西郊築壘防守，陳勝親自督戰，大敗。陳勝在逃亡途中被御者（貼身駕駛）刺殺。

張楚國曇花一現，各地起義軍各擁其主，勢力最強的是項梁，擁兵六、七萬人，他率軍西上，填補留下來的真空。

一位謀略家范增對項梁說：「楚雖三戶，亡秦必楚。將軍家幾代都是楚國大將，建議你擁立一個楚王的後代，一定能贏得楚國人心。」

於是項梁派人四處尋訪，找到一位牧羊童芈心（芈，音「米」，楚王室姓芈），擁立他為楚懷王，而項梁自稱武信君，掌握實權。

章邯擊滅陳勝後，北上進攻魏國，在臨濟（今河南封丘縣東）城下大破來救的齊楚聯軍，齊王田儋與魏相周市戰死，魏王魏咎自焚而死，一時之間，章邯所向披靡。

項梁親率軍隊攻擊章邯，在東阿（今山東東阿縣）城下大敗秦軍，派項羽、劉邦四出攻城掠地，連番大敗秦軍。

章邯急忙收攏分散作戰的軍隊，固守濮陽（今河南濮陽市），決開黃河堤防，河水繞城阻擋住楚軍攻勢，漸漸恢復元氣。

項梁由於一連串的勝利，開始輕敵，臉上掩不住得意之色。謀士宋義向他進言：「戰勝之後，將領驕傲，士兵怠惰，一定失敗。眼前的情況，士兵已經有怠惰跡象，而秦軍則一天天壯大，我很替你擔心。」宋義在故楚國（戰國時）當過令尹（宰相職），跟項梁的父親項燕同事，口氣帶點教訓味道，項梁聽不進去，派宋義出使齊國。

宋義的警言成讖，章邯得到秦二世派來的增援大軍，突然發動襲擊，楚軍崩潰，項梁戰死。項羽、劉邦救援不及，只能護著楚懷王芈心遷到彭城（今江蘇徐州市）。楚懷王重整軍隊，自任總司令，項羽、劉邦都封公、侯，可是沒有兵權。

章邯認為楚國已經不成氣候，於是率大軍北渡黃河，直指趙國，一路勢如破竹，趙國都城邯鄲不守。趙軍兩位實力派將領張耳、陳餘，護著趙王趙歇逃到鉅鹿（今河北邢台市）固守，秦軍大將王離將鉅鹿團團包圍。

陳餘在包圍圈形成之前，出奔常山郡（今河北北部）集結軍隊，帶了數萬人回鉅鹿，不敢進攻，在城北紮營。章邯則駐軍城南，專心「圍點打援」，諸侯前來救援的軍隊，一一被章邯擊敗，在城外紮寨安營，觀望互保。

趙王向楚懷王求救。楚懷王任命宋義為上將軍，項羽為副將，率軍援救趙國。

宋義率領楚軍，進至安陽（今山東曹縣東），逗留四十六天，按兵不動。項羽急著要為項梁報仇，催促宋義出兵。宋義說：「你不懂。秦軍現在勢強，攻趙如果勝利，兵力已衰，我們可以利用他們的疲憊；如果不勝，我們趁機擂鼓西進，尾隨追擊，必能大獲全勝。衝鋒陷陣我不如你，可是運用謀略你不如我。」下令不服命令者一律處斬。

一天晚上，宋義大擺宴席，飲酒取樂。可是帳外卻天寒地凍，士兵飢凍交迫。項羽利用這個情境，煽動將校支持他反宋義。

隔天朝會，項羽進謁上將軍，就在虎帳中擊殺宋義，將他的人頭示眾，說：「宋義勾結齊國，圖謀不軌，懷王密令我行刑。」

項羽威勢逼人，在場沒有人敢有異議，於是共推項羽代理上將軍。楚懷王鞭長莫及，只好正式任命項羽為上將軍，命他繼續援趙任務。

此時鉅鹿城內已經糧食將盡，守軍也傷亡慘重。可是諸侯軍隊每一次的救援嘗試，都被章邯殲滅，因此只敢在城外駐軍觀望，不敢採取任何行動。

項羽先派英布率軍二萬渡過漳河，順利切斷了王離的糧道，圍城軍漸漸缺糧。然後項羽率主力軍隊渡過漳河，登岸之後，下令鑿沉所有船隻，砸毀鍋釜炊具，焚燒輜重，每個人只帶三日口糧。

於是項羽向王離展開攻擊，連續交戰九個回合，每次都將秦軍擊敗。章邯稍稍後退，諸侯軍趁勢進擊，生擒王離。

【孫子兵法印證】

〈九地第十一〉：凡為客之道：深入則專，……投之無所往，死且不北。死焉不得，士人盡力。……令發之日，士卒坐者涕沾襟，偃臥者淚交頤。投之無所往者，諸、劌之勇也。

這一段述說了戰爭最現實卻又最殘酷的一面：進入敵人的地盤（為客），愈深入則士卒心志愈堅定（因為無處可走）。將軍隊置於「無處可走」之地，士卒拚死也不會退卻；每個人都抱必死之心，就沒有不勝之理；而且一旦知道伙伴都是一條心，全軍就不會有一絲懼意。當命令下達之時，士卒坐著的、躺著的都涕淚縱橫（面對九死一生），可是只有拚死殺敵一途。只要將軍隊置於「死地」，每個戰士都會跟專諸、曹劌（兩人皆《史記》所載刺客）一樣勇敢。

起初楚軍開始發動攻擊時，諸侯軍隊連營十餘里，卻都只敢作「壁上觀」（站在防禦工事的壁柵之上觀看）。項羽身先士卒，楚軍個個以一當十，殺聲震天，壁上觀的諸侯將領看得個個戰慄失色。等到秦軍潰退，項羽召見各國將領，將領們走到楚軍的轅門，不由自主的雙膝跪地，匍匐而前，頭都不敢抬起來。從此，項羽成為諸侯聯軍的上將軍。

然而，王離雖然全軍覆沒，章邯仍然擁有重兵，雙方隔河對峙，一度僵持。

打破僵持的是秦二世，他派使者譴責章邯不出兵。章邯派司馬欣回咸陽陳述軍情，司馬欣到了咸陽，卻等了三天，被拒絕接見。他感覺情況不妙，急行返回前線，不敢走來時道路，才沒被追回斬首。

章邯仍然猶豫不決，派出使者去跟項羽談條件。

項羽一面跟來使談判，一面派英布急行軍穿越秦軍防線，直接攻擊章邯大本營。章邯連敗三陣，無法支持，只得向項羽投降。

至此，秦軍已經完全失去翻盤的能力，大秦帝國的滅亡，只剩時間問題了。

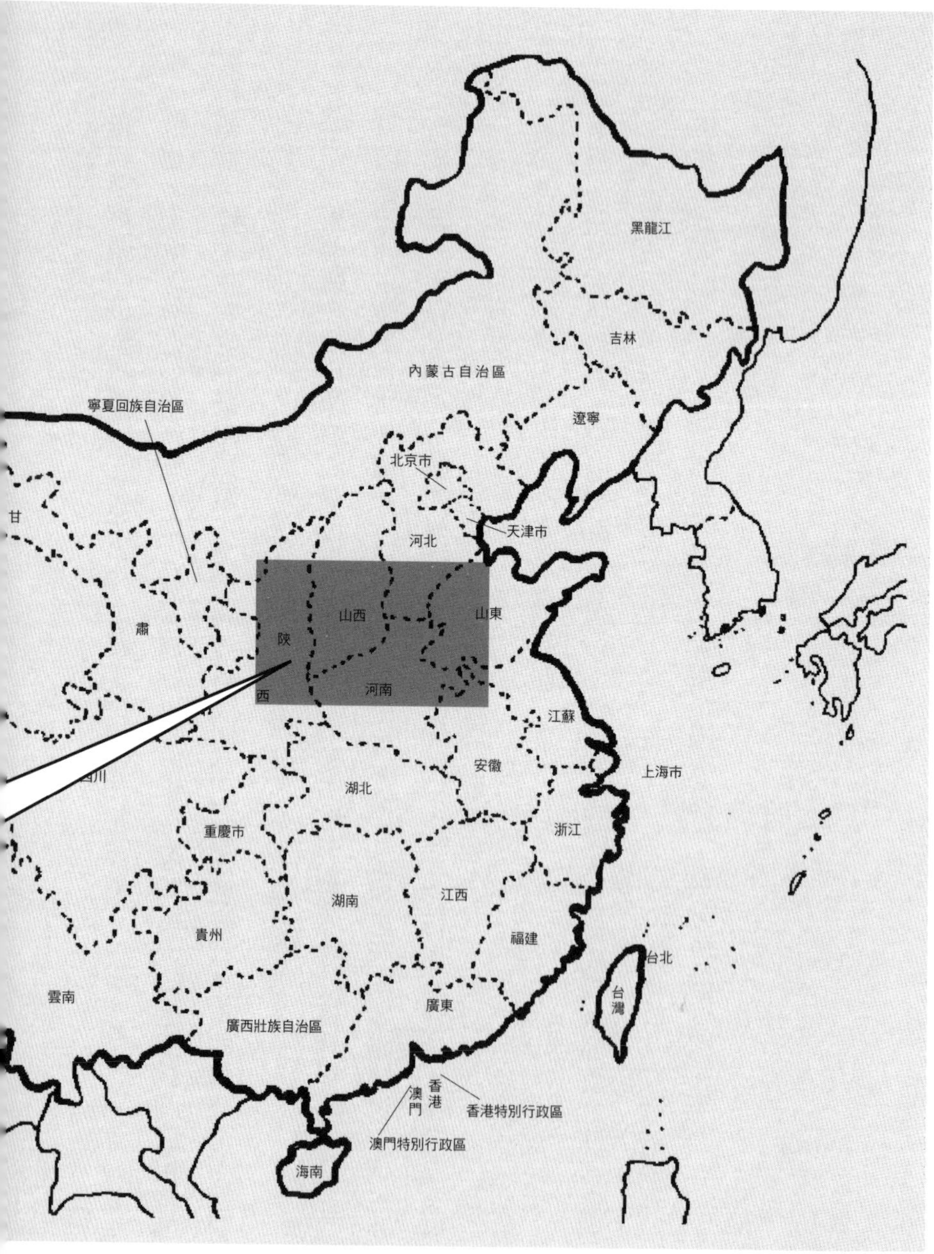
黑龍江
吉林
內蒙古自治區
寧夏回族自治區
遼寧
北京市
天津市
河北
甘
肅
陝
西
山西
山東
河南
江蘇
安徽
上海市
四川
湖北
重慶市
浙江
湖南
江西
貴州
福建
台北
台灣
雲南
廣東
廣西壯族自治區
香港
澳門
香港特別行政區
澳門特別行政區
海南

鉅鹿之戰示意圖

04、鉅鹿之戰——項羽破釜沉舟擊潰章邯

掃描 QR Code
聽公孫策說書

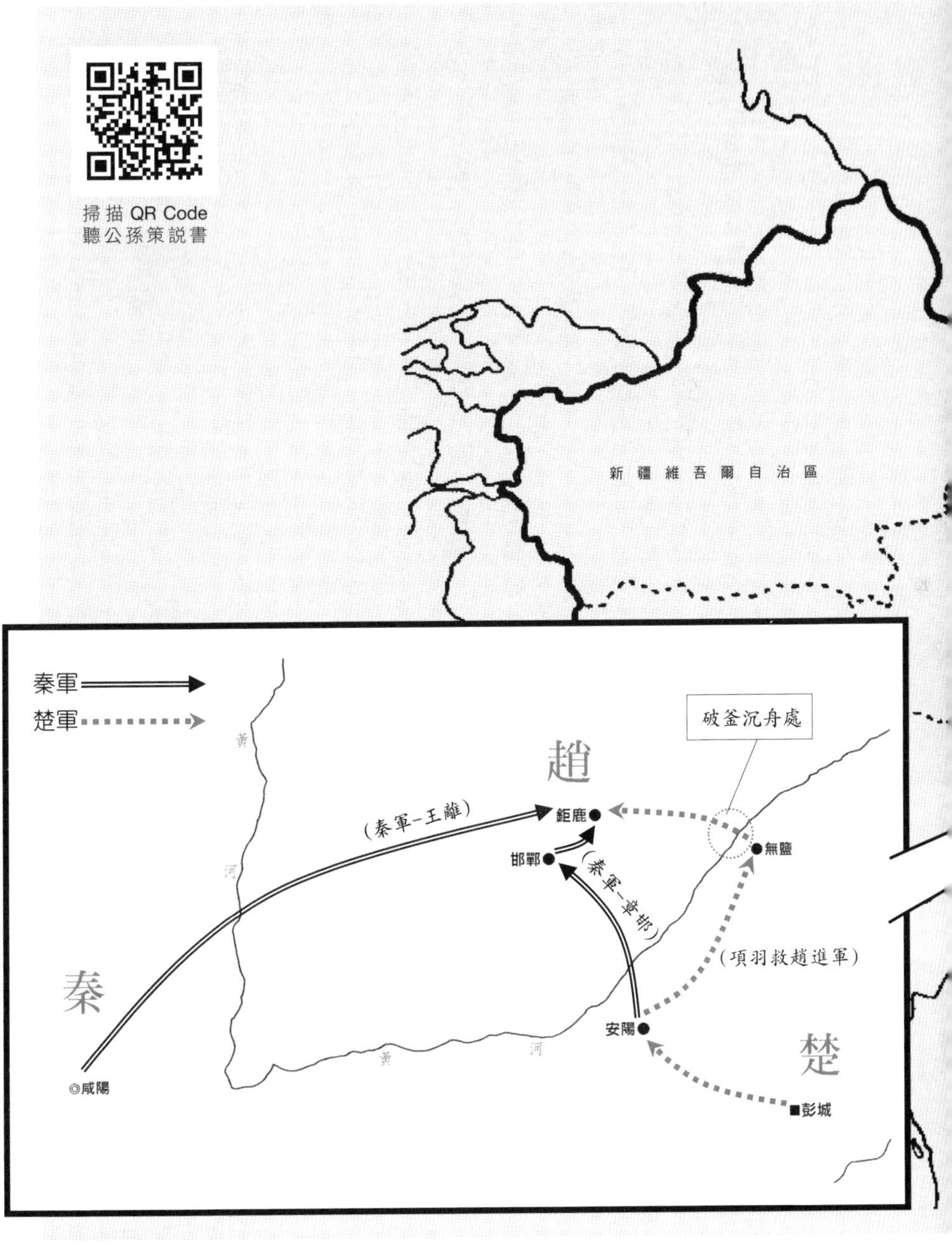

05、韓信——置之死地而後生

項羽在鉅鹿大破秦兵，威震諸侯，可是劉邦卻先一步進了關中。項羽非常火大，但是在鴻門宴上卻下不了手，只能火燒阿房宮出氣。

然後他大封諸侯，把劉邦硬擠到漢中（今陝西漢中市），強詞奪理說：「漢中地方一向都是關中的一部分。」關中地區的主要部分，則分封給了三個秦軍降將：章邯（雍王）、司馬欣（塞王）與董翳（翟王）。

楚懷王約定的「先入關中者為王」沒了，劉邦當然不爽，可是打不過項羽，沒辦法，只能忍氣吞聲前往漢中。一路上，兵、將、官吏偷偷逃亡，每天都有。直到有人報告：「蕭丞相一個人騎馬走了。」劉邦幾乎不能相信，最早跟他一同起義的蕭何，居然也在這個節骨眼上棄他而去。

意外地，當天傍晚時分，蕭何居然回來了。

劉邦責問蕭何：「你為什麼逃亡？」

蕭何說：「我沒有逃亡，我聽說韓信跑了，來不及報告，就一個人騎馬去追他回來。」

韓信是什麼人？

韓信年輕時不務正業，到亭長家寄食（白吃白喝）。可是他胸有大志，身上總是佩著刀劍。有一次，地方上的不良少年將他圍住，說：「有種，你拔出劍來刺死我；如果不敢，就從我胯下鑽過去。」韓信瞪著發話那個少年良久，不吭聲，然後彎下身，從那人胯下鑽了過去。從此，楚地流傳「韓信是個膽小鬼」。

「怯懦少年」韓信帶著他那支「不敢出鞘殺人」的劍，在項梁起兵時，加入了項家軍。項梁兵敗身死，他繼續追隨項羽，擔任郎中，曾多次向項羽獻策，項羽都沒有採納。

劉邦被項羽擠去漢中，韓信獨具慧眼，離開項羽投奔劉邦，但還是只當個連敖（中級軍官），甚至因為受到牽連，連同十幾名「共犯」，都被判了死刑。

前面砍了十三個腦袋，下一個該輪到韓信。韓信抬頭仰視，剛好看見夏侯嬰（劉邦的「沛縣老伙伴」之一）在現場，就對著他大聲喊說：「大王不想爭天下了嗎？否則為何要殺我這個壯士！」

夏侯嬰聽他口氣甚大，再看他相貌不凡，就下令不斬韓信，並且叫他上前說話。一番對談之後，大為欣賞，乃向劉邦推薦。劉邦任命韓信為治粟都尉（初級將領），並不特別重視，反倒是蕭何跟韓信談過好幾次話，對韓信十分欣賞。

大難不死反而升官的韓信，期待蕭何推薦他，可是遲遲不見下文，看見很多人都跑了，於是他也跑了。蕭何聽說韓信跑了，認為這個人才不可流失，因此親自將他追回。

劉邦從來沒把韓信視為將才，不信蕭何所言，怒斥：「你騙誰啊！諸將跑了好幾十人，你一個都不追，卻去追這個位階不高的韓信？一定有詐，快說實話。」

蕭何說：「那些跑掉的諸將都是一般材料，不難得到，可是韓信卻是舉世無雙的高級人才。大王如果只想在漢中長治久安，那韓信對你沒有用；但若大王要東向爭勝天下，則非韓信不可。若不能重用，韓信終究還是要走。」

於是劉邦聽信蕭何的建議，登壇拜韓信為大將。韓信則獻出了他的第一個奇計「明修棧道，暗渡陳倉」。

當初劉邦要往漢中時，張良獻了一策：咸陽到漢中地形險惡，要走數百里棧道（李白詩句「蜀道難，難於上青天」就是描述這條險路），建議劉邦一路將走過的棧道燒掉。一方面安項羽的心，認為劉邦無意東向；一方面防止關中「三秦王」循棧道攻打漢中。

而韓信的奇計則是：公開宣布「派周勃、樊噲負責修復棧道」，然後暗中積極準備循陳倉道進攻關中。陳倉道是關中通漢中的一條古老路線，當時稱做「故道」，也就是很少人走的半廢棄棧道，基本上是循嘉陵江上游諸河谷。周勃等奉命修建的，則是劉邦來漢中時走的路線，稱為子午道。

由於周勃、樊噲是諸侯熟知的漢軍主要將領，項羽封在關中的三秦王沒得到漢王「拜大將」的情報，聽說周勃、樊噲負責修棧道，研判漢軍主力一定循之前的棧道來，所以將重兵布置在子午谷口，而且好整以暇，因為「五百里棧道」不是半年、一年修得好的。

韓信在確認三秦主力部隊移至子午谷口後，即刻出兵陳倉道。三秦王倉促應變，章邯在陳倉被擊潰，關中父老簞食壺漿迎接漢王。司馬欣與董翳投降，只剩章邯率領殘部打游擊，劉邦只花了兩個月就掃平關中。

劉邦據有關中之後，足以跟項羽分庭抗禮，楚、漢在滎陽、成皋（兩地都在今河南滎陽市）之間對峙。張良認為，必須聯合諸侯一致反項，才能戰勝楚國。可是，拉起「反項聯合陣線」談何容易？

由於項羽的作風蠻橫，南方諸侯基本上反項。可是魏王魏豹（河南）支持項羽，趙國（河北）實際執政者成安君陳餘自居第三勢力，燕國（河北北部到遼東）不參與諸侯爭霸，齊王田廣（山東）也不服任何一方。

劉邦於是決定派大將東征，經略魏、趙、燕、齊，形成對項羽的鉗形攻勢。而能夠承擔這項重任的，只有韓信。於是韓信掛丞相銜領軍征魏，灌嬰、曹參為副帥，分別統領騎兵、步兵。

劉邦問酈食其：「魏國的大將是誰？」

「柏直。」

「那小子乳臭未乾，不是韓信對手。騎兵將領是誰？」

「馮敬。」

「他是秦將馮無擇的兒子，還不錯，但卻不是灌嬰對手。步兵將領是誰？」

「項它。」

「他也不是曹參對手。我放心了。」

韓信也向酈食其再做確認：「魏王會不會以周市為大將？」周市是當初陳勝派去經略魏地的宿將，身經百戰，在魏軍中聲望很高，並且對地形非常熟悉。

酈食其說：「魏王確定以柏直為大將。」

韓信：「那小子不成材。」

漢軍進兵，魏王魏豹在蒲坂（今山西永濟市）布置重兵，盯住臨晉（今陝西大荔縣）

的漢軍。韓信將計就計，大動作集結船隻，擺出要在臨晉大舉渡過黃河的姿態，卻派出奇兵，從八十里外的夏陽（今陝西韓城市）渡河。

渡河需要大量船隻，可是漢軍只有一百多艘船，運能差很多。韓信派軍隊砍伐木材，並大量收購「罌」（一種口小肚大的陶製容器），將罌封口後綁緊連結，上鋪木板，就成了木筏，稱為「木罌」。器材備齊後，韓信命令灌嬰將軍隊與船隻在臨晉渡口列陣，擺出要渡河攻擊的姿態，自己跟曹參帶領主力軍隊連夜急行軍到夏陽，拂曉以木罌渡過黃河，直攻魏國首都安邑（今山西夏縣）。

魏豹在蒲坂接獲消息，大驚，回軍迎戰。兵敗，被韓信生擒，解送滎陽。於是劉邦增兵三萬給韓信，讓他乘勝攻取趙、燕、齊。

攻趙必得穿過太行山，穿越太行山的路徑只有幾條「陘」，也就是山脈中斷處。可想而知，地形狹窄且容易設埋伏。

韓信選擇了其中一條「井陘」，趙王趙歇與成安君陳餘得到情報，聚集全國兵力到井陘口應戰，號稱二十萬大軍。陳餘手下將領李左車獻策：「井陘地形狹隘，車馬都無法交會的路段長達數百里。請撥給我三萬人馬，抄他後路，斷絕他的補給線。閣下只要深溝高壘不出戰，令對方進退不得，十天之內，韓信的腦袋將可以放在我們的軍旗之下。」

陳餘是位儒將，經常掛在口上的就是「義兵不用詐謀奇計」。對李左車的建議，說：「韓信的兵力號稱數萬，其實不過數千，他千里而來，士卒已經累壞了。如果這種敵人都不正面迎擊，將來遇到更強大的對手，怎麼作戰？倘若因此而被諸侯認為我們趙國怯戰，只怕會招致更多攻擊。」拒絕了李左車的獻策。

事實上，韓信擅長用計，豈會輕易涉險？他知道通過井陘行軍的風險，所以不斷的派出探子偵察趙軍動向。當他確定陳餘不採納李左車的獻策，即刻下令大軍開入井陘，爭取在陳餘改變主意前通過。

數百里山隘險道安然通過，未遭埋伏，一直到達距離井陘口三十里處，韓信下令停止前進。半夜派出二千輕騎兵，不帶重裝備，每個人隨身帶一支漢軍的紅色軍旗，繞山中小路，藏在可以望見趙軍營壘的山中，交付任務：「我軍將詐敗，只要看見趙軍傾巢而出，你們要迅速馳入趙軍營壘，拔掉趙軍旗幟，插上漢軍的紅旗。」

奇兵出發後，韓信下令開飯，說：「拂曉展開攻擊，擊敗趙軍後，一同吃早餐。」諸將其實沒信心，卻不敢出聲，只能齊聲答應「是」。

漢軍吃飽飯，韓信先派出一萬人，吩咐領軍將領：「趙軍已經取得有利地形，建立壁壘。可是陳餘在沒看見我大將的旗鼓之前，不會出擊，怕我縮回井陘，他不好攻擊。所以，你先出去，背水結陣。」將領依計行事，趙軍在營壁上望見漢軍居然做出這種不合兵法的動作，都大笑（輕敵）。

天亮了，韓信大軍出井陘口，高舉大將旗幟，部隊擊鼓前行。趙軍也開壘出戰，兩軍酣戰良久。

韓信依照計畫詐敗，下令拋棄軍旗與戰鼓，往背水結陣的漢軍橋頭堡撤退。水岸陣地開壘讓大軍進入，然後整頓隊伍，回頭再戰。

趙軍壁壘內的軍隊果然傾巢而出，爭搶漢軍丟棄在戰場上的旗鼓（因為奪得敵方旗鼓可以報功，此時前方軍隊忙於追逐敵人，無暇撿拾旗鼓，營內軍隊乃急著搶功），而漢軍背水一戰，退無可退，個個拚命，令趙軍無法取勝。

這時候，前晚派出的二千騎兵迅速馳入趙軍壁壘，拔掉趙軍旗幟，插上漢軍紅旗。趙軍回頭看見，大驚，以為營壘已經失陷。由於趙軍家屬都在營壘內，軍心一亂，陣形跟著大亂，個個只想往回跑。殿後的趙軍將領斬殺逃兵，仍然擋不住兵敗如山倒。於是漢軍前後夾擊，大破趙軍，陳餘在亂軍中戰死，趙歇被俘。

果然當天「破趙會食」，漢軍慶功宴會上，諸將問韓信：「兵法布陣的原則是：右方與後方倚靠山陵，左方與前方有水澤。可是將軍卻背水結陣，還說今天上午就會贏得勝利，我等當時不服氣，但事實卻正是如此。請問，這是什麼戰術？」

韓信說：「兵法裡其實都有，只是諸君沒想到而已。《孫子兵法》不是說『陷之死地而後生，置之亡地而後存』嗎？我帶領諸君遠征，並沒有長期的合作默契，軍隊也非素有訓練，只能置之死地，讓人人為自己的生存拚命。以敵我的實力，如果放在『生地』（有逃跑的空間），早就逃光了，還能打勝仗嗎？」

諸將這才服氣說：「太神奇了，不是我輩所能及。」

雖然是大勝之後，韓信沒有忘記那個差點讓他進不了井陘的李左車，他下令全軍：誰能找到活著的李左車，賞千金。很快的，有人送來了綁著的李左車。大將韓信親自為他解開繩子，請李左車坐在西席，以對待老師之禮待之。

韓信對李左車說：「我的目標是北攻燕、東伐齊，向您請教如何才能成功？」

李左車說：「敗軍之將不可言勇，我只是個戰敗的俘虜，沒資格參與討論軍國大事。」

韓信說：「之前如果陳餘採用閣下提出的戰術，此刻恐怕換我韓信是俘虜吧。都是因為他不用閣下之計，我才有機會向您請教啊，所以，請不要推辭了。」

李左車建議韓信，不要用武力征服燕國，派出使節勸降即可。此計果然奏效，韓信滅魏破趙，威名遠播，燕王答應歸順。

同時間，劉邦在滎陽大敗，隻身脫離戰場。他在天未明時突然衝進韓信大營，等韓信醒來，漢王已經接管兵權。劉邦將原先撥給韓信的漢兵收回，再回滎陽戰場。同時命令韓信帶領趙、燕軍隊伐齊。

這時，一位奇辯之士酈食其向劉邦提出，願意前往遊說齊王田廣歸降，劉邦同意，而酈食其還真的遊說成功了。

所以，當韓信大軍開抵平原津（平原郡在今山東德州市，津：渡口）時，田廣每天跟酈食其喝酒宴飲，完全沒有防備。韓信也有意停止進軍，可是謀士蒯徹對他說：「漢王並沒有下詔要將軍停止進軍，而那個書生（指酈食其）以三寸不爛之舌，一席話下齊國七十餘城，將軍打了一年多才下趙國五十餘城，難道血戰沙場數年，還不如一個書生嗎？」韓信聽進了這番話，渡過黃河，突襲歷下（今山東濟南市）齊軍，大軍直逼臨淄城。齊王田廣烹殺酈食其，逃往高密（今山東高密市），並向楚王項羽求援。

項羽派大將龍且援齊，有人建議龍且：「韓信一路打勝仗，勢不可當，可是漢軍千里遠征，人心未服，應該深溝高壘，不跟他開戰，讓齊王去招攬齊國各城軍隊反抗漢軍，韓信將只有投降一途。」

龍且說：「我一向聽說韓信是個膽小鬼（韓信是楚人，胯下受辱之事在楚國流傳），如果援救齊國卻不動刀兵，那我還有什麼功勞？今天若是將他擊潰，可得齊國之半，奈何堅壁不戰？」原來，龍且想的是，打贏了可以當齊王！

楚軍與漢軍隔著濰水列陣，韓信派人裝了一萬多個沙囊，趁夜將上游河水攔住。天亮後，漢軍主動渡河攻擊，前軍詐敗，回頭就往河邊逃。龍且說：「我就知道韓信是個膽小鬼，他的軍隊也一樣！」下令楚軍渡河追擊。

楚軍渡河到一半時，韓信發出信號，上游決開壅塞河水的沙囊，洪水急瀉而下，船上的通通沖走，還沒上船的留在對岸，已經登岸的被殲滅。龍且陣亡，田廣逃走，韓信招降楚軍，並盡得齊地。

滎陽戰場上，項羽跟劉邦達成和議，雙方以鴻溝（戰國時，魏惠王開通的古運河，連接黃河與淮河）為界。項羽引兵東歸，可是劉邦卻背約追擊楚軍！楚軍一心思歸，無心作戰。但是項羽著實善戰，每次回頭迎戰都擊敗漢軍，劉邦只能緊咬不放。

張良與陳平建議劉邦：「答應韓信與彭越，要他們帶兵來會合，將來封他們為王。」韓信帶了他的軍隊來，與劉邦會合，將項羽圍困在垓下（今安徽靈壁縣東南）。

韓信設下十面埋伏，楚軍多次突圍都失敗，可是漢軍卻還是打不過項羽。於是韓信又生一計：將軍中的楚人集合起來，夜裡要他們唱起楚地歌曲（成語「四面楚歌」的典故）。就這一招，令西楚霸王項羽喪失了鬥志，帶著八百人突圍，遭漢軍追擊，最後在烏江自刎。

項羽死了，楚國滅了，劉邦在贏得決定性大勝之後，採取的第一個行動，不是清剿餘孽，而是……剝奪韓信兵權！他在凱旋途中，經過定陶（今山東荷澤市）時，突然闖進韓信大營，奪取印信，掌握韓信的部隊。劉邦對韓信說：「你是楚人，現在天下已定，應該回去當楚王。」同時分封的包括梁王彭越和淮南王英布。打敗項羽，這三人的功勞最大。

不久之後，有人向皇帝告密：「楚王韓信謀反。」劉邦徵詢諸將意見，諸將一個個慷慨表態：「立刻發兵討伐那小子。」劉邦再問陳平意見，陳平直白的告訴劉邦，漢朝將領沒有人打得贏韓信。

劉邦問陳平有何方法，陳平說：「古代天子經常到各地巡察，藉此機會與諸侯國君會晤。建議陛下宣稱前往雲夢大澤（今湖北省古時多沼澤）巡狩，並在陳縣（當初陳勝的都城）接見諸侯。陳縣在楚國境內，韓信會放鬆戒心，以為天子只是例行出外巡遊，而且是在自己勢力範圍內，不會防備。到時候他前來進謁，不過一個武士的力量，就可以逮捕他。」

劉邦依計而行，將孤身徒手的韓信逮捕，押回長安，並未將他治罪，但是將他降級為淮陰侯，留在長安（形同軟禁）。

後來，韓信又捲入一宗叛亂案，被呂后誆進長樂宮殺害，一代名將歸天。

【孫子兵法印證】

如果讓孫武活回來，評論歷代名將，他大概會給韓信第一名吧！

可是這裡要先表揚劉邦。劉邦原本不認為韓信是多了不起的將領，可是既然蕭何推薦，他就拜韓信為大將。之後韓信表現傑出，劉邦不放心他，但仍然賦予他全權，這符合〈謀攻第三〉：將能而君不御者勝。而韓信不論在項羽手下，或劉邦手下，都堅持〈始計第一〉：將不聽吾計，用之必敗，去之。

攻三秦「明修棧道，暗渡陳倉」是〈始計第一〉：能而示之不能，用而示之不用。

攻魏則是〈軍爭第七〉：以迂為直，後發先至的示範，同時讓我看懂那句很「玄」的〈軍形第四〉：善攻者，動於九天之上——對魏王豹來說，韓信的奇兵真有如天上降下來的。事實上，韓信的主力起初在臨晉，後來在夏陽，又印證了

〈兵勢第五〉：戰勢不過奇正。也就是正兵、奇兵隨時能夠靈活交互為用。

攻趙，韓信本人說出了「置之死地而後生」的孫子名言，然而，最重要的還是他絕不涉險，確定井陘沒有設伏（用間），才迅速通過（風林火山），因此才有後來的決戰。而韓信的大將之風，更表現在向「敗軍之將」李左車虛心請益，這是《孫子兵法》沒有以文字寫出來的一個核心思維：要想贏，先認輸。包括「善戰者，先為不可勝」、「少則能守之，不若則能避之」，都是這個核心思想。

至於龍且，他印證了〈行軍第九〉：無慮而易敵者，必擒於人。因為輕敵而兵敗身亡，不是嗎？

06、昆陽之戰——以寡擊眾以弱勝強的經典

西漢帝國在漢武帝時，國力達到巔峰，之後盛極而衰，終被王莽篡位。

王莽改國號為「新」，可是新朝的新政一塌糊塗，特別是廢除五銖錢，導致金融秩序崩潰，市場交易接近停擺（民間交易退回到以物易物）。再加上逼反原本已經歸附的匈奴，動員十路大軍北征，向民間徵兵、徵糧、徵工、徵稅，老百姓在家種田活不下去，只好亡逃山澤。於是「人心思漢」，爆發中國史上第一波全面性農民起義。

起義軍當中，聲勢最大的兩支是山東的赤眉兵（將眉毛塗成赤色為識別）與湖北的綠林兵（嘯聚綠林山而得名）。

但有一支起義軍不屬變民軍，而是由南陽郡（今湖北、河南交界一帶）一個耕讀世家發起。這個耕讀世家姓劉，算起來還是劉姓皇族的一支，三兄弟老大劉縯、老二劉仲、老三劉秀。父親劉欽早死，由叔叔劉良撫養長大。

老大劉縯性格剛毅，野心勃勃。自從王莽篡漢之後，他便憤憤不平，懷抱復興漢室的大志，因而不事農耕生產，不惜變賣家產，傾心結交四方豪傑之士。

小弟劉秀相貌不凡，「隆準日角」（鼻頭高，額角突出），勤於稼穡之事。

大哥劉縯經常將小弟比做高祖（劉邦）的二哥劉喜，這又有典故：劉喜勤於耕種，劉太公（劉執嘉）常誇獎老二，而責備老三。後來劉邦當了皇帝，向太公敬酒，說：「您老人家以前老是怪我不事生產，不如二哥。如今，誰的產業比我更多？」也就是說，劉縯自比劉邦，心懷天下大志！

劉秀的姊姊劉元嫁給鄧晨，有一次，劉秀與姊夫鄧晨一塊兒去拜訪一位術士蔡少公。蔡少公對圖讖很有研究，說「劉秀會成為天子」，一旁有人接口：「難道是國師公劉秀（王莽的首席顧問）嗎？」

劉秀開玩笑的說：「你怎麼知道不是我呢？」在座眾人哄堂大笑，只有鄧晨私心竊喜，認為小舅子必有大成就。

宛城（同屬南陽郡）的李氏兄弟找到劉秀，接他到家裡款待，談讖文（劉秀當為天子）之事。雙方決定藉立秋騎兵校閱的日子，劫持南陽太守、郡丞起義。李軼與劉秀各自回去招募義軍。

劉縯將春陵豪傑集合起來，對他們說：「王莽暴虐，百姓分崩離析，我們今天要高舉義幟，復興高祖的基業，建立萬世之功！」眾人轟然響應，紛紛回鄉號召群眾，在郡內各縣起兵。

春陵子弟原本對「起義」非常遲疑，說：「伯升（劉縯字伯升）會害死我們。」及至看到劉秀也全副武裝出現，驚訝的說：「連這個老實人也敢革命呀！」這才人心大定，集結七、八千人，打起「漢」旗號，劉縯擔任總司令，自稱「柱天大將軍」。

綠林兵群聚綠林山，遭逢瘟疫，死亡超過二萬五千人，將近全部人數的一半，被迫離開瘟疫地區，並分裂成兩路：一路向西移動，稱「下江兵」；一路向北移動，稱「新市兵」。

新市兵在往北移動途中，與另一支變民「平林兵」會合，進入南陽地區，正好是漢軍起義之時。劉縯派人去跟他們聯絡，一同攻擊長聚，並屠殺唐子全城。如此軍紀蕩然的雜牌軍，在第一次勝仗之後，就因分贓不均而內鬨，新市兵與平林兵鬧著要攻打漢軍。解決這個狀況的是劉秀，他將所有劫掠而來的財物，全部分給新市兵與平林兵，大家回嗔為喜，繼續向前挺進。

劉縯帶領聯軍與南陽郡的政府軍會戰，大霧瀰漫，漢軍大敗。劉秀單人孤馬逃走，遇到妹妹劉伯姬，帶她上馬，兩人共一騎逃命。後來又遇到姊姊劉元，劉秀催促她上馬，劉元說：「你們快逃吧，不必死在一塊兒！」說著，追兵已到，劉元與她的三個女兒都遭殺害，劉氏族人死了數十人，包括劉秀的二哥劉仲。

新市兵與平林兵見漢軍大敗，信心動搖，想要自戰場撤退。正在此時，下江兵五千餘人前來，劉縯帶著劉秀、李通去見他們的首領王常，分析「合則利，分則危」，王常與劉縯相約結盟，下江兵加入漢軍，再會合新市兵與平林兵，軍容復振。

聯軍休養三天後，分六路出擊，先偷襲獲取南陽郡政府軍的輜重，再大破南陽郡軍隊。然後挺進到宛城，與新政府派出的剿匪軍將領嚴尤、陳茂會戰，大勝。

至此，劉縯的漢軍擴充到十餘萬兵力，因而讓新市兵、平林兵感受到威脅。於是，他們要推戴一個傀儡，以壓抑劉縯的鋒頭。可是「人心思漢」，而劉縯是漢室皇族，其他土匪不姓劉，難以得到眾人認同。找來找去，找到平林兵中一位「更始將軍」劉玄，與劉縯是劉姓皇族同一支的堂兄，於是新市兵與平林兵共同擁戴劉玄稱帝（更始帝），史稱「玄漢」，以宛城（今河南南陽市）為大本營。

全國變民蜂起，政府軍一再戰敗，王莽不得不出動他的「壓箱底」王牌部隊，由司空王邑與司徒王尋領軍，六十三位精通兵法的參謀隨行，陣容中包括一位巨無霸（身高一丈，腰粗十圍），還帶了虎、豹、犀、象等大量猛獸助威。總兵力四十三萬人，號稱百萬，旌旗、輜重、人馬千里不絕。與嚴尤、陳茂會合後，大軍壓向玄漢軍隊。

新朝大軍殺來，前線的玄漢軍隊（實質上是互不統屬的各股綠林兵）不敢對抗，最後都退進了昆陽城（今河南葉縣）。昆陽城裡瀰漫著恐懼氣息，將領們掛念自己的妻兒老小，於是有人主張化整為零，各自散去，說得好聽是「不讓敵人捕捉到我軍主力」。

這個節骨眼上，唯一持反對意見的，只有劉秀一個。他說：「我們兵力既少，糧食更少，而敵人卻強大無比。如果合力禦敵，還有成功的機會，一旦散去，必定被逐一收拾。目前宛城的軍隊還不能來救，萬一昆陽被拔，其他部隊必將在一日之間消滅殆盡。這是只能拚死守城的局面，想不到各位非但不能肝膽相照，誓死同心，反而只想到妻子兒女！」

諸將大怒，對著劉秀咆哮：「你怎麼敢對我們說這種話！」

劉秀笑笑，起身離席。

劉秀才出去，探馬來報：「敵人大軍即將到達城北，連營數百里，看不見盡頭，後方部隊還在前進中。」

那些剛才對劉秀咆哮的將領，面對緊急狀況，不知所措，只好再去請劉秀回來商量。

劉秀不慍不火，對著地圖分析情勢。諸將早沒了主意，只好說：「全聽你的。」

當時昆陽城中只有八、九千兵力，敵人號稱百萬。劉秀吩咐王鳳（新市兵）與王常

（下江兵）守昆陽，自己與李軼等十三騎，衝出南城，徵召附近變民軍來救。當時抵達昆陽的莽新軍隊已有十餘萬人，劉秀差一點無法突圍。

聞報被衝出十幾騎，王邑才下令「包圍昆陽」。嚴尤建議：「昆陽城小而堅固，守軍人數無須很多，攻城部隊卻不易成功。如今那個竊號稱帝的傢伙（指更始皇帝劉玄），不在這裡，而在宛城。我們大軍攻向宛城，宛城解決了，昆陽自然不成問題。」

王邑說：「我率領百萬大軍，遇到第一個叛軍城池，如果打不下來，無以展現軍威。我要先攻下此城，屠殺全城，踏著敵人的鮮血前進，前鋒高歌，後部舞蹈，豈不快哉！」

王邑下令，對昆陽布下數十重包圍，營寨數以百計，鉦鼓之聲傳至數十里外。日以繼夜攻城，挖地道、衝撞城門，箭下如蝗、矢下如雨，城中守軍必須揹著門板才能汲水。

【孫子兵法印證】

〈九變第八〉：「途有所不由，軍有所不擊，城有所不攻，地有所不爭……」

其中「城有所不攻」一句，好幾位後代兵法家注釋：如果城小但很堅固，糧食又充足的，不要攻城，而昆陽城正好就是這種情形。又有人注釋：攻下來沒有利益，攻不下反而挫了士氣，不該攻，昆陽城又是這種情形。

昆陽守軍統帥王鳳請求談判，可是王邑斷然拒絕（一心想要屠城），認為勝利就在眼前，對敵人毫不在意。

懂兵法的嚴尤提出警告：「《孫子兵法》說『圍師必闕』，應該留一個缺口，讓敗兵將恐懼帶去宛城。」可是王邑完全聽不進去。

【孫子兵法印證】

〈軍爭第七〉……歸師勿遏，圍師必闕，窮寇勿迫……。是分析敵軍心態：一個急著回家的軍隊不要擋在他前面，因為他會拚命；包圍一個城池要開一個缺口讓他逃，否則他會死守，而我軍就犯了「攻城為下」的錯誤；已經陷入困境的敵人（窮寇）不可持續施加壓力，小心狗急跳牆，我軍必有傷亡。

懂得兵法的嚴尤一再提出忠告，奈何王邑不聽。

不許投降，又逃不出去，昆陽守軍乃只有死守一途。

另一方面，劉秀突圍後，在郾城、定陵一帶徵調所有可能徵調到的變民軍隊。有些將領貪惜掠奪來的財寶，想要保留兵力看守。劉秀對他們說：「這一次若能打敗敵人，等待我們享用的財寶何止萬倍？若被敵人打敗，人頭都沒了，要財寶有何用？」諸將被他說服，乃投入所有兵力。

各路變民軍馳援昆陽，劉秀親率一千兵力為前鋒，在距離王邑大軍四、五里的地方布陣。王邑派出數千人搦戰，劉秀領軍衝鋒，斬首數十級。

劉秀贏了第一回合，乘勝挺進。王邑軍隊陣腳鬆動，向後退卻，玄漢各路援軍乘勝攻擊，斬首數百、千人。這下子就像骨牌效應般，一連串小勝利累積成大戰果，玄漢軍諸將的膽氣因勝利而愈壯，莫不以一當百。

劉秀再領三千人組成敢死隊，沿著西城護城河，直衝王邑指揮部。王邑與王尋未將這支小股敵軍放在眼裡，自領一萬餘人，結陣以待，並且下令各營，未獲允許不得出動，想要親自收拾闖入包圍圈的敢死隊，以展現自己威風。

孰料，一經接觸，莽新軍不堪一擊，無法抵擋，只好向後撤退。各營未奉命令，不敢增援。王邑、王尋陣腳大亂，漢軍衝垮了新軍陣腳，王尋在亂軍中被殺。

【孫子兵法印證】

〈九地第十一〉……古之善用兵者，能使敵人前後不相及，眾寡不相恃，貴賤不相救，上下不相收……。

可是王邑卻是自己把自己搞到全軍大亂，古今庸將恐怕要推他第一了。

困守城內的玄漢軍將領望見，都受到激勵，說：「劉秀平素遇到小撮敵人都會膽怯，如今遭逢強大敵人卻如此勇敢，還敢親自帶隊衝鋒。我們不該只在城上觀戰，應該下去與他一同殺敵。」

於是，昆陽城內守軍開城殺出。前後夾擊，殺聲震天。王莽大軍譁然崩潰奔逃，人馬相互踐踏，百里內伏屍遍地。又恰遇風雲變色，巨雷狂風，屋瓦飛蕩，大雨傾盆而下，河水暴漲，新軍帶來的虎豹猛獸在木籠中戰慄，士卒淹死者上萬人。

王邑帶著嚴尤、陳茂，拋棄輜重，輕騎逃出，踏著士卒的屍體渡過河水，狼狽逃回洛陽。數十萬大軍潰散，散兵各自逃回原屬郡縣，無法再作集結。

經此扭轉局面的一戰，各地義軍紛起，殺死州牧、郡守，自稱將軍，全都打著「漢」的旗號，等待玄漢政府的指令。此後，王莽的政令已出不了關中地區，而劉秀也奠定了他在各路義軍當中的聲望地位，後來能夠削平群雄，建立東漢帝國，就是奠基於昆陽之戰。

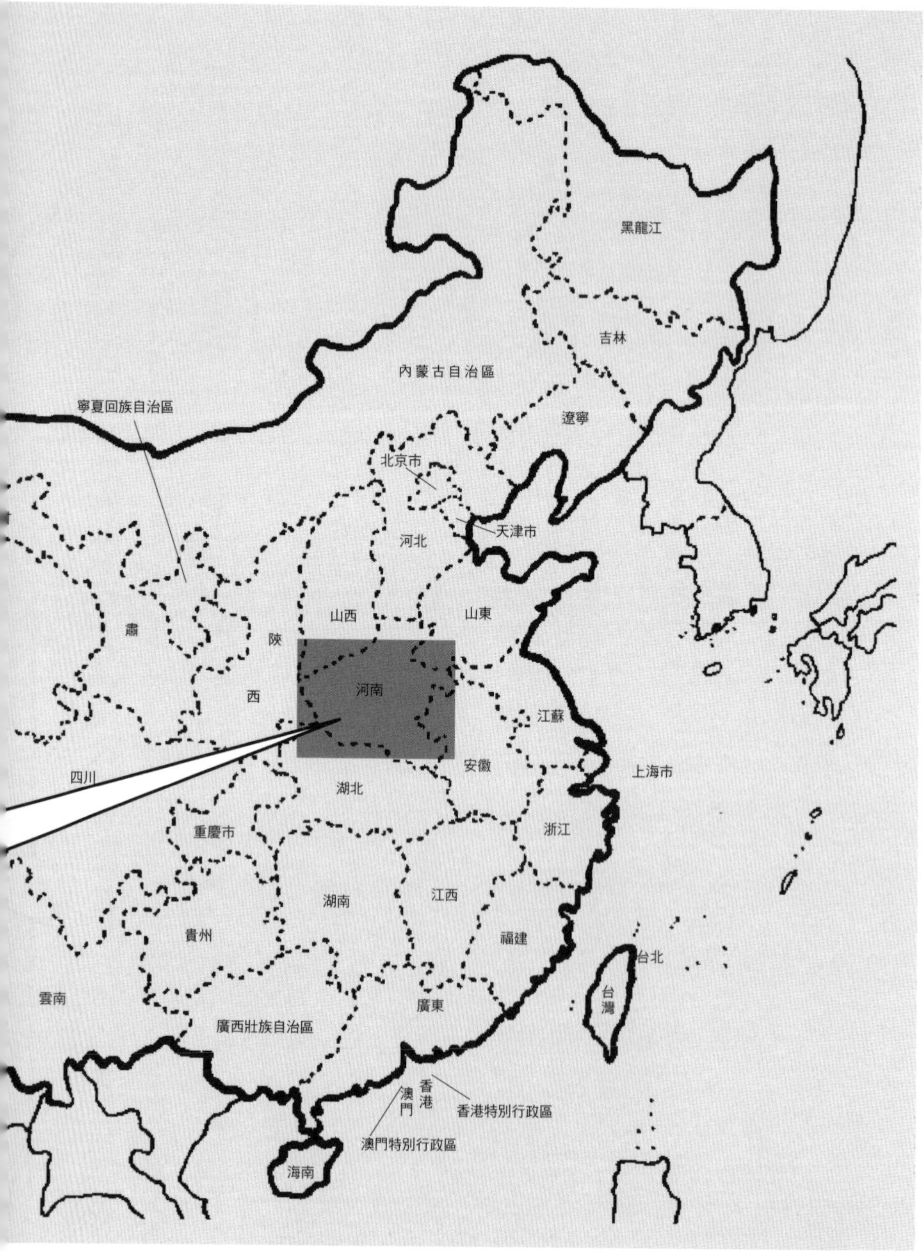
黑龍江
吉林
內蒙古自治區
遼寧
寧夏回族自治區
北京市
天津市
河北
山西
山東
甯
陝
西
河南
江蘇
四川
安徽
上海市
湖北
重慶市
浙江
湖南
江西
貴州
福建
台北
台灣
雲南
廣東
廣西壯族自治區
香港
澳門
香港特別行政區
澳門特別行政區
海南

昆陽之戰示意圖

掃描 QR Code
聽公孫策說書

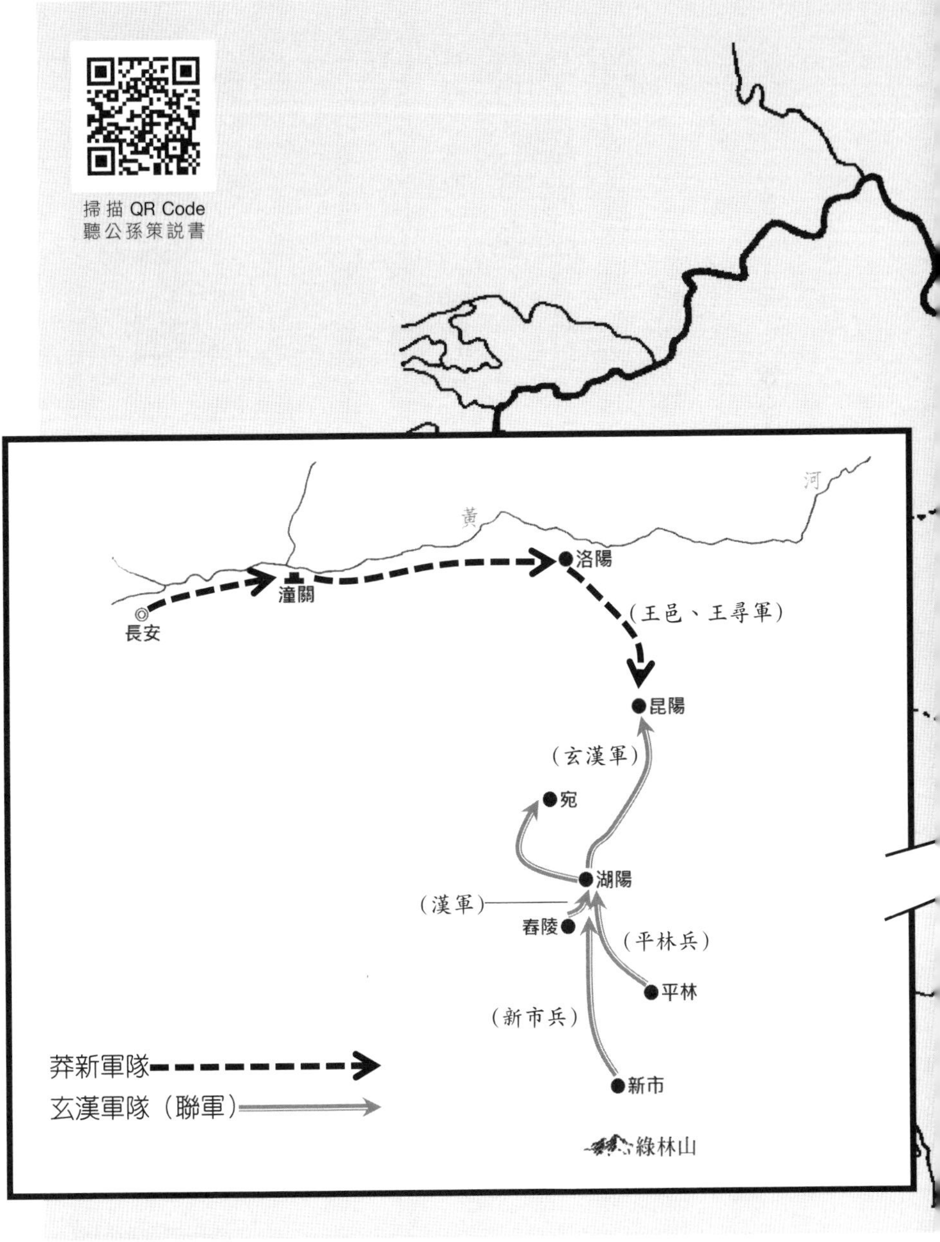

07、班超——三十六人威震西域

劉秀建立的東漢帝國，因為他的兒子、孫子英明而昌盛，史稱「明章之治」。

漢明帝時，奉車都尉竇固出擊北匈奴，在天山大敗匈奴呼衍王，一路追到蒲類海（今新疆巴里坤湖）。竇固在伊吾（今新疆哈密市）駐軍屯田，派手下一名膽識過人的將領班超出使西域各國。

班超出自一個書香世家，父親班彪、哥哥班固撰《漢書》（後來由妹妹班昭完成），可是班超不喜歡筆墨生涯。

有一次，班超實在煩極了文書工作，將手中的筆扔到地上，感歎的說：「大丈夫即使不能驚天動地，也該效法傅介子和張騫，在異域創立功業，以博取封侯，怎麼能一輩子庸庸碌碌困在筆硯之間呢？」

旁邊的同事都笑他。

班超說：「你們這些小人物，豈能理解壯士的懷抱！」（注：傅介子，西漢昭帝時出使西域，曾擊斬匈奴使者，誘殺樓蘭王）

所以，當竇固徵詢班超出使西域時，班超毫不猶豫的答應了，而且只帶了三十六位部屬。

班超離開伊吾，到了距離最近的鄯善國（今新疆若羌縣附近）。國王「廣」接待他們禮節非常恭敬周到，但不久之後，態度突然變得疏忽怠慢。

班超感覺有異，對隨從人員說：「你們難道沒覺察鄯善王廣的態度變得淡漠了嗎？我研判一定是北匈奴有使者來到這裡，使他猶豫不決，不知道該服從誰好的緣故。」

於是班超在服侍漢使的鄯善人中，找來一個比較老實的，誆騙他說：「我知道北匈奴的使者來好些天了，現在住在哪裡？」那侍者禁不住班超反覆套問，將實情全都透露了。

班超將那個侍者關押起來，召集一同出使的三十六人，先跟他們喝酒。等到酒酣耳熱的時候，用話煽動他們，說：「諸君與我一同身處邊地異域，要想藉此立功，以求得富貴榮華。可是現在匈奴的使者來了才幾天，鄯善王對我們就冷淡疏忽了。一旦鄯善王把我們縛送交給北匈奴使節團，我們都將成為原野上豺狼的食物（意指曝屍荒野），你們看該怎麼辦才好？」

所有人齊聲說道：「我們現在處於危亡境地，是生是死，都由司馬決定（班超的官職是假司馬）。」

班超說：「不入虎穴，不得虎子。唯今之計，只有趁夜用火攻，他們不清楚我們究竟有多少人，一定會震懾害怕，我們正好趁機消滅他們。只要消滅了匈奴使節，鄯善王一定會嚇破肝膽，我們大功就告成了。」

有人提醒：「是不是應當和郭從事（副使郭恂）商量一下。」

班超激動地說：「是凶是吉，在此一舉。郭從事是個柔弱的文官，他聽到這種拚命的事情，搞不好會因為害怕，而暴露我們的行動計畫，我們若白白送死，落了個不好的名聲，這就稱不上壯士了。」

眾人說：「好。」

天黑以後，班超帶領弟兄奔襲北匈奴使節團的館舍。

當天晚上正好刮起大風，班超吩咐十個人拿了軍鼓，隱藏在屋子後面，相約：「一見大火燒起，就立刻擂鼓吶喊。」其餘人都帶著刀劍弓箭，埋伏在門外兩旁。

於是班超親自順風點火，屋後的人一起擂鼓呼喊。屋內匈奴人一片驚慌，奪門而出。

班超親手擊殺三人，部下亦斬殺北匈奴使者及隨從人員三十多人，沒跑出來的一百多人通通被燒死在裡面。

第二天一早，班超才告訴了郭恂。郭恂一聽大驚失色，隨即臉色又晴陰不定，班超看透了他的心思，舉手對他說：「你雖未一起行動，但我怎麼會獨占這份功勞呢？」郭恂這才高興起來。

接著，班超派人請鄯善王廣前來，將北匈奴使者的頭顱排列在進入賓館的道路兩旁，鄯善舉國震恐。班超趁勢對鄯善王曉以大義，再好言安撫寬慰一番，接受鄯善王的兒子做為人質，入覲漢朝。

班超回到伊吾覆命，竇固上書朝廷，詳細報告班超的功勞，並請求朝廷另行選派使者出使西域。

漢明帝對班超的膽識十分讚賞，下詔給竇固：「像班超這樣現成的奇才，為什麼不派他，而要另外物色呢？擢升班超為軍司馬，讓他繼續完成出使的任務。」

竇固命班超出使于闐（今新疆和田市），問他：「要不要多帶一些人馬？」

班超說：「于闐是個大國，距離更為遙遠（在南疆塔里木盆地，伊吾跟鄯善都在北疆），即使帶數百人去也不能展現強大，如果遇到不測的事情，人多了反而更添累贅。」

於是仍然帶領原來的三十六名兄弟前往。

當時于闐王廣德剛剛打敗了莎車國，聲威大振，雄霸南道，而北匈奴派來的使者更對他嚴密監護。因此，班超到達于闐國時，廣德王態度冷漠（既不屑班超人馬少，也不敢對漢使顯得熱絡）。

于闐人民迷信神巫，神巫放話說：「天神發怒了，責備我們為什麼勾結漢朝？漢使有一匹黃身黑嘴的駿馬（騧），趕快拿來給我祭祀天神！」

于闐王廣德派宰相去向班超要求那匹騧馬。班超一口答應給馬，可是「要神巫親自來取」。過一會兒，神巫來到，班超二話不說，立即拔刀砍下他的腦袋，還用皮鞭抽打于闐國宰相，一齊送還于闐王廣德，並且嚴詞譴責。

廣德早就聽說班超在鄯善國誅滅匈奴使者的英勇事蹟，這下子更加惶恐不安，於是下令攻殺北匈奴使者，歸降漢朝。班超重重賞賜了廣德及其臣下，于闐國就此鎮服，並且成為班超的駐地，招撫西域各國。

當時，匈奴在西域的代理人是龜茲（今新疆阿克蘇地區），龜茲王「建」依恃匈奴勢力，占據西域北道，攻破疏勒國（今新疆喀什地區），殺死國王，另立龜茲人兜題為疏勒王。

班超的戰略是先幫助疏勒復國，然後擊敗龜茲，才能讓西域各國歸順。

收服于闐的第二年春天，班超帶領部下取道小路，去到疏勒國，離兜題所居住的盤橐城只有九十里，預先派部下田慮去勸降兜題，並指示：「兜題本非疏勒人，疏勒人民一定不會為他盡忠效命，他如果不肯歸降，就將他扣押起來。」

田慮到達盤橐城，兜題看他孤單力微，毫無歸降之意。於是田慮趁他不提防，就撲上去，將他捆綁起來。事出突然，兜題的手下一哄而散。田慮派人飛馬馳報班超，班超軍隊即刻進城，召集疏勒文官武將，歷數兜題的罪狀，另立原來國王的侄子「忠」為疏勒王，疏勒人都很高興。

漢明帝去世，北匈奴的盟國趁機攻打漢軍駐地，西域都護陳睦的駐地被攻陷，班超陷於孤立，固守盤橐城，與疏勒王忠互為首尾，但兵少勢單，堅守了一年多。剛即位的漢章帝鑑於陳睦全軍覆沒，恐怕班超勢孤力單，難以支撐下去，就下詔召回班超。

班超出發回國，疏勒全國上下都感到擔心害怕，一個名叫黎弇的都尉說道：「漢使若離開，我們必定會再次被龜茲滅亡。我實在不忍心看到漢使離去。」說罷就拔刀自殺了。

班超途中來到于闐國，國王以下的人全都悲號痛哭，說：「我們依靠漢使，就好比嬰兒依靠慈母一樣，你們千萬不能回去。」還緊緊抱住班超坐騎的腳，使馬無法前行。

班超看到于闐人民情深意堅，又想實現自己的壯志初衷，於是改變主意，調轉馬頭，返回疏勒。疏勒國中有兩座城池，在班超離去後，已經投降了龜茲國，並且與尉頭國聯兵叛漢。班超捕殺了叛降者，又擊破尉頭國，殺六百餘人，疏勒國重新安定下來。

從此，班超從漢朝的班超變成西域的班超，他開始聯合西域各國，對抗匈奴跟它的盟邦。

回轉疏勒的第三年，班超率領疏勒、康居、于闐和拘彌等四國軍隊一萬多人，攻占了姑墨的石城，殺敵七百餘人。班超想要就此平定西域諸國，一度上書漢章帝請求援兵。漢章帝批准了，可是援兵總數只有一千多人，多半是減刑的罪犯，只有部分是自願出塞的兵士，由徐幹帶領。

班超會合援兵打勝了第一仗，想要直搗龜茲，可是自己兵力不足，希望藉助烏孫（今新疆伊犁自治州）的兵力，於是再度上書漢章帝。章帝採納了他的建議：晉升班超為將兵長史，並破格使用鼓吹幢麾（旌旗儀杖），同時晉升徐幹為軍司馬，另外派遣衛侯李邑護送烏孫使者回國，攜帶去贈送給大小烏孫王及其部屬的許多禮物。雖然烏孫並未發兵，但至少換得烏孫王派遣世子入侍（到洛陽當人質）。

隔年，班超用重禮收買月氏王（大月氏當時在今伊犁河流域），說服康居王（今哈薩克南部）不與叛變的疏勒王忠聯合，然後平服叛變，西域南路從此打通。

又隔年，班超征發了于闐等國的軍隊二萬五千人，再次攻打莎車，龜茲王則糾合溫宿、姑墨、尉頭等國五萬軍隊援救莎車。

面對這場西域爭霸的決戰，班超召集將領和于闐王開軍事會議，指示戰術：「眼下我們寡不敵眾，只能分進合擊，于闐軍由此向東而進，我軍向西運動，等到昏黑鼓響後分頭出發。」但事實上並未分兵。

班超暗中放鬆對俘虜的看守，讓俘虜逃回去報信。龜茲王得到漢軍動向的假情報，親自率領一萬騎兵趕往西邊去攔截班超，另命溫宿王帶領八千騎兵趕往東邊去狙擊于闐軍。

班超等到探子回報，兩支敵軍已經分兵而出，即刻將全部兵力集合，在雞鳴時分飛馳奔襲莎車軍營。莎車軍一片驚亂，四方奔逃。班超追擊殲敵五千多人，繳獲了大量的牲畜財物，莎車王投降，龜茲等軍只好各自撤退。

於是，班超威震西域，直到他回國之前，龜茲都不敢妄動。

【孫子兵法印證】

班超具有《孫子兵法》教不來的一項能力：膽識。

只帶三十六人勇闖西域，是「膽量」；屢次以突擊勝敵，是「膽氣」。然而他絕非暴虎馮河式的大膽，而是對西域各國的國情、地理、人情都能清楚了解，那就是「識」了。

〈九地第十一〉：投之無所往，死且不北；死焉不得，士人盡力。兵士甚陷則不懼，無所往則固。

意思是：將隊伍投放在別無去處的地方，士卒死也不會敗退；士眾拚死一搏，焉有不勝之理！兵士深陷於危險之中就不恐懼，別無去處就會團結一心。

班超告訴三十六位兄弟當前處境「別無選擇」，束手就縛的下場必定是曝屍荒野，所以團結一心，奮勇突擊。

〈謀攻第三〉：上兵伐謀，其次伐交……。

班超沒帶人馬，固然是「人多反而累贅」，但是要對抗匈奴勢力，還是得有軍隊。而他的超級「說服能力」（突襲、殺人不眨眼、恩威並濟），首先收服鄯善，然後于闐、疏勒，手法都不同，效果卻都一樣：集合西域國家的力量，對抗匈奴勢力。這正是他不必依靠大軍出塞，就能威震西域的本事。也是本書選擇十位名將時，在漢朝部分放棄李廣，而取班超的原因。

〈用間第十三〉：……反間者，因其敵間而用之。

跟前面趙奢（第三章長平之戰）的用間方法相較，班超沒有逮到的敵間可以運用，但是他有俘虜，以之創造出「反間」，而反間帶回去的假情報，成功創造了讓敵人分兵的效果。

〈謀攻第三〉：用兵之法，十則圍之，五則攻之，倍則分之，敵則能戰之……。

班超掌握聯軍二萬五千人，敵方則有五萬人，反間讓龜茲王分出一萬八千騎兵，班超又向以為沒事的莎車軍發動突擊，一戰而勝。

08、官渡之戰——曹操把握住袁紹每一個失誤

東漢末年，先經過黃巾之亂，各地的「義軍」變成諸侯私人武力，繼之諸侯討伐董卓，董卓挾持漢獻帝去了關中，於是各路諸侯開始混戰。

經過一番攻伐兼併之後，北方形成袁紹跟曹操爭霸的局面，一山容不得二虎，雙雄對決勢不可免。袁紹據幽州、冀州、青州、并州，盡有河北之地，兵馬壯盛，明顯處於上風；曹操據有兗州、豫州、徐州、揚州與河內郡，但因處於四戰之地，南邊有張繡（宛城）、劉表（荊州）、孫策（江東）伺機而動，形勢上處於下風。

袁紹出現第一個失誤：不迎天子。

漢獻帝在董卓被殺之後，逃出關中，一路上不乏諸侯想要「奉迎天子」，可是漢獻帝看他們都不成氣候，繼續往洛陽奔逃。袁紹的智囊沮授向他提出「奉天子以討不臣」的大戰略，可是袁紹三心二意，最終沒有採納。而曹操的智囊荀彧極力主張奉迎天子，曹操便

將漢獻帝「迎」到根據地許昌（今河南許昌市），開始用皇帝的詔書（其實是曹操的意旨）支使諸侯，包括袁紹。

曹操的勢力擴增，漸漸進入河北。袁紹感受到壓力，決定出手「解決」曹操，於是挑選精兵十萬，戰馬萬匹，舉兵南下，目標直指許昌。

消息傳到許昌，曹操部將多認為袁軍強大不可敵，但郭嘉與荀彧為曹操分析了他跟袁紹的「十敗十勝」因素：

一、袁紹愛擺架子，曹操隨和待人，是待人作風勝；
二、袁紹名義上是臣子，曹操可以打著天子旗號，是政治號召勝；
三、袁紹政令鬆弛，曹操政令嚴厲，是治理方法勝；
四、袁紹只信任自己子弟，曹操用人不分親疏，是胸襟氣度勝；
五、袁紹多謀少決，曹操見好即刻施行，是謀略決斷勝；
六、袁紹沽名釣譽，曹操不尚虛名，是品德言行勝；
七、袁紹只看見眼前大小事，曹操深謀遠慮，顧及執行細節，是見識周密勝；
八、袁紹陣營派系爭權奪利，曹操陣營諂言不行，是智慧明察勝；
九、袁紹行事是非不明，曹操是是非非，是公正法治勝；

十、袁紹打仗喜歡壯大聲勢，曹操用兵虛實莫測，是軍事才能勝。

以上十項，在《孫子兵法》裡，就是〈始計第一〉的廟算五指標：**道天地將法**。

然而，袁紹終究兵力強大，曹操必須以寡擊眾，當然更不能側翼受到攻擊。於是，他派臧霸自琅邪（今山東臨沂北）出兵，攻擊青州，牽制袁紹在東方的軍隊；另派人跟關中諸將（董卓舊部）聯絡，穩住西方側翼；正面則派于禁率步騎二千屯守黃河南岸的重要渡口延津，支援駐守白馬（今河南滑縣東，黃河南岸）的劉延，跟在官渡（今河南中牟東北）的主力結為犄角。

這個戰場布局基本上是跟袁紹隔著黃河對峙，不是全線防守黃河南岸，而是集中兵力，扼守要隘，重點設防，以逸待勞，後發制人。尤其重要的是，官渡距離許昌比較近，糧秣供應線比袁紹短。

【孫子兵法印證】

官渡之戰曹操將《孫子兵法》的「奇正相生」發揮得淋漓盡致，正面擺出陣勢的其實不是主力，主力以奇兵姿態迅速在次要戰場收拾敵軍後，又迅速回到主戰場。

〈兵勢第五〉……凡戰者，以正合，以奇勝。……戰勢不過奇正，奇正之變不可勝窮也。……

後面擊敗劉備、解白馬之圍、突襲烏巢等，都是奇正交互運用的經典之作。

正在此時，劉備起兵反曹，占領下邳，屯據沛縣（今江蘇沛縣），並與袁紹聯繫，跟袁紹合力攻曹。曹操為避免兩面作戰，決定先擊潰劉備，於是親自率精兵東擊劉備，迅速取得勝利，迫降關羽。劉備全軍潰敗，隻身逃往河北投奔袁紹。

這時，袁紹犯下第二個失誤。

當曹、劉作戰正酣之時，袁紹謀士田豐建議袁紹，出動大軍狙擊曹操後方，但袁紹卻因小兒子生病而未採納，致使曹操從容回軍官渡。

袁紹終於決定發動攻擊，他先派顏良進攻白馬，意圖先奪取黃河南岸要點，以保障主力渡河。而曹操為爭取主動，求得初戰的勝利，親自率兵北上解救白馬之圍。謀士荀攸建議聲東擊西，分散袁紹兵力，先引兵至延津，偽裝渡河，突擊袁紹後方，迫使袁紹分兵向西，然後以輕騎迅速襲擊進攻白馬的袁軍，攻其不備。

曹操採納了這一建議，袁紹果然分兵延津。曹操乃派張遼、關羽為前鋒，急趨白馬。關羽迅雷不及掩耳的衝進萬軍之中，斬顏良之首而還，袁軍潰敗。

解了白馬之圍後，曹操沿黃河向西撤退。袁紹率軍渡河，派大將文醜率輕騎兵追擊，曹操當時只有騎兵六百，而文醜有五、六千騎兵，還有步兵在後跟進。曹操令士卒在白馬山南麓解鞍放馬，並故意將輜重丟棄道旁。袁軍中計，紛紛爭搶財物。

此時，曹操突然發起攻擊，殺了文醜（文醜為亂軍所殺，並不是關羽斬殺），順利退回官渡。顏良、文醜都是河北名將，卻在一開戰就先後折損，袁軍士氣為之沮落。

【孫子兵法印證】

〈兵勢第五〉：善戰者，求之於勢，不責於人，故能擇人而任勢。

意思是：勢不如人時，不能勉強軍隊去硬拚，必須「擇人任勢」——擇勇怯之人，任進退之事。選擇張遼、關羽就是用勇敢的將領執行快速打擊任務；需要堅守挺住的任務，則選擇能忍（不是膽怯）的將領。

而袁紹軍隊士氣受到打擊，則印證了：

〈軍爭第七〉：三軍可奪氣，將軍可奪心。

袁軍初戰失利，但兵力上仍占有優勢。雙方建立營壘相互攻守，袁紹命人堆土如山，在土山上構築樓櫓（瞭望、攻守的高台），用箭俯射曹營。曹軍則使用霹靂車（一種拋石裝置），發石擊毀了袁軍的樓櫓。

袁軍又掘地道進攻，曹軍則在營內掘長塹相抵抗。雙方相持三個月，曹操兵少糧缺，士卒疲乏，幾乎快要失去堅守的信心。

有一天，看見運糧士兵疲憊工作，曹操於心不忍，脫口而出：「再辛苦十五天，我為你們打敗袁紹，就不必再辛苦了！」

但那話說得其實心虛，在此之前，曹操寫信給荀彧，表示想要退守許昌，而荀彧回信說：「袁紹將主力集結於官渡，想要跟我們一決勝負。我方以至弱對抗至強，若不能打贏這一仗，必將處於極端不利的形勢，這是決定天下大勢的關鍵時刻。主公以一當十，扼守要衝，讓袁紹無法前進，已經挺了半年。情勢明朗，絕無迴旋的餘地，重大的轉變機會不久就會出現。這正是出奇制勝的時機，千萬不可坐失。」

於是曹操決心繼續堅守待機。

他知道敵方同樣糧秣不繼，於是採取糧道戰：一方面加強自己的糧道安全，將運糧車隊分成十個縱隊，輪番出發，降低萬一被攻擊的損失；另一方面，派曹仁截擊、燒毀袁軍數千輛糧車，增加袁軍的補給困難。

然後出現了荀彧所謂「重大的轉變機會」：袁紹謀士許攸投奔曹操。這也是袁紹第三個致命失誤：在關鍵時刻逼反重要謀士。

曹操聽說許攸來奔，連鞋子都來不及穿，光著腳出來迎接，鼓掌大笑說：「子遠（許攸字）來到，我的大事成了！」

賓主就座後，許攸問曹操：「袁紹兵力強大，你有什麼好策略？如今還有多少存糧？」

曹操說：「還可以撐一年。」

許攸說：「不對吧，再說一次。」

曹操說：「可以撐半年。」

許攸說：「閣下不想擊敗袁紹了嗎？怎麼不肯說實話！」

曹操：「方才是說笑話。老實說，只剩一個月軍糧了，你說，該怎麼辦？」

許攸向曹操透露一個情報：袁紹的糧草和輜重屯在故市、烏巢（今河南封丘縣西），由淳于瓊領一萬軍隊防守。若以輕騎突襲，放火燒糧，不出三日，袁紹部隊就會崩潰。

曹操得到這個寶貴的情報，立即採取行動，親率一支步騎兵五千人的混合部隊，打著袁紹部隊的旗幟，馬口銜枚（啣木枝），避免吐氣出聲，步兵每人帶一束薪柴，利用夜暗走小路偷襲烏巢，到達後立即圍攻放火。袁軍陷入恐慌，守將淳于瓊捱到天明，才發現曹軍兵力不多（只有五千，自己有一萬），率軍出營回擊，怎奈主動權已握在曹操手上，敗退回寨自保。

【孫子兵法印證】

〈火攻第十二〉：凡火攻有五：一曰火人，二曰火積，三曰火輜，四曰火庫，五曰火隊。

「火人」就是燒人，如前章班超放火燒匈奴使節團；「火積」就是燒敵方的糧草，如本章曹操燒袁紹糧車；「火輜」就是燒敵方輜重，包括攻城器械等，遲滯敵方攻勢；「火庫」就是燒敵方兵庫，使其無法補充武器、戰服等；「火隊」就是放火燒亂敵方行伍陣形，如田單火牛陣的作用。

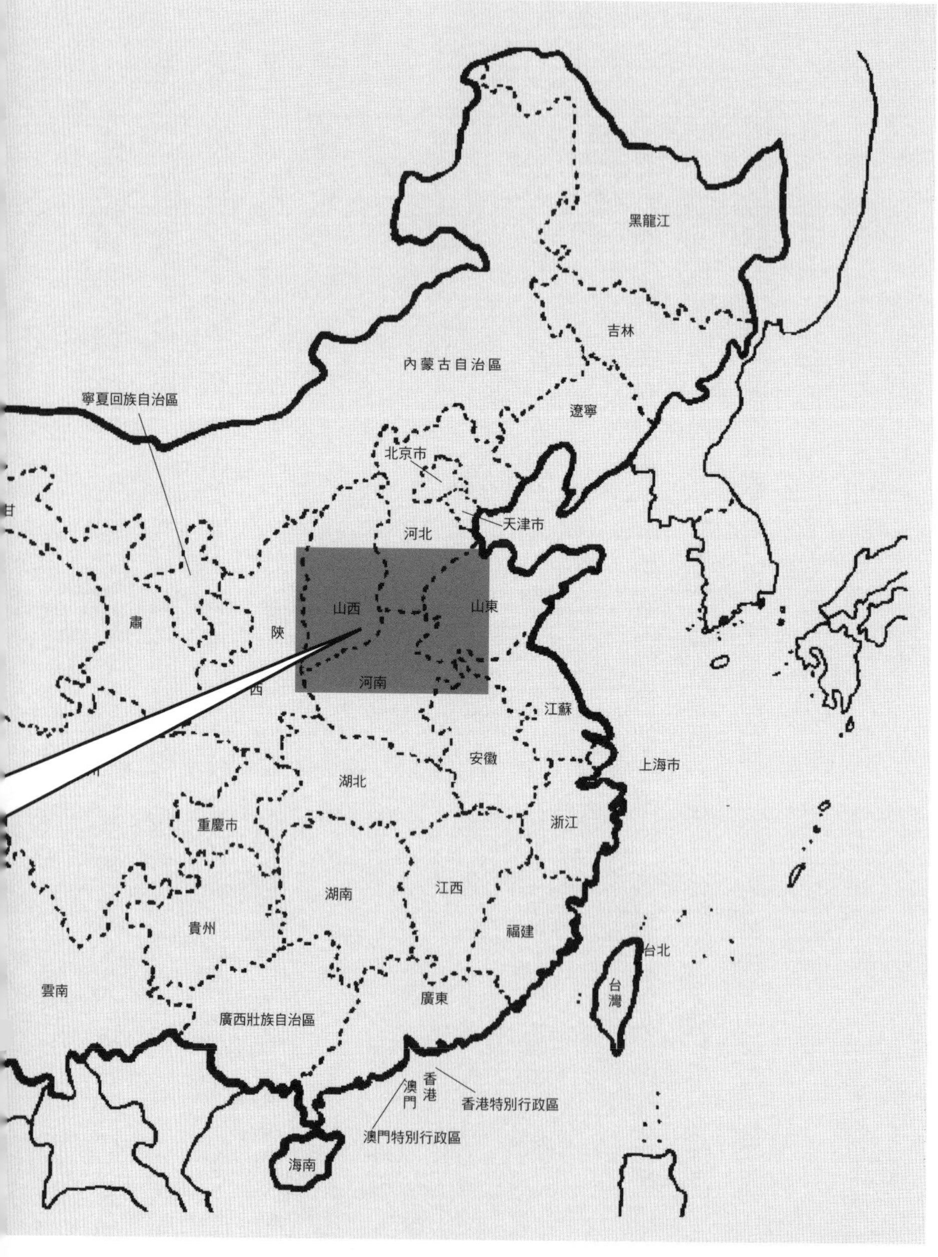
黑龍江
吉林
內蒙古自治區
遼寧
寧夏回族自治區
北京市
天津市
河北
山西
山東
河南
陝
西
肅
江蘇
安徽
上海市
湖北
浙江
重慶市
湖南
江西
貴州
福建
台北
台灣
雲南
廣東
廣西壯族自治區
香港
澳門
香港特別行政區
澳門特別行政區
海南

官渡之戰示意圖

掃描 QR Code
聽公孫策説書

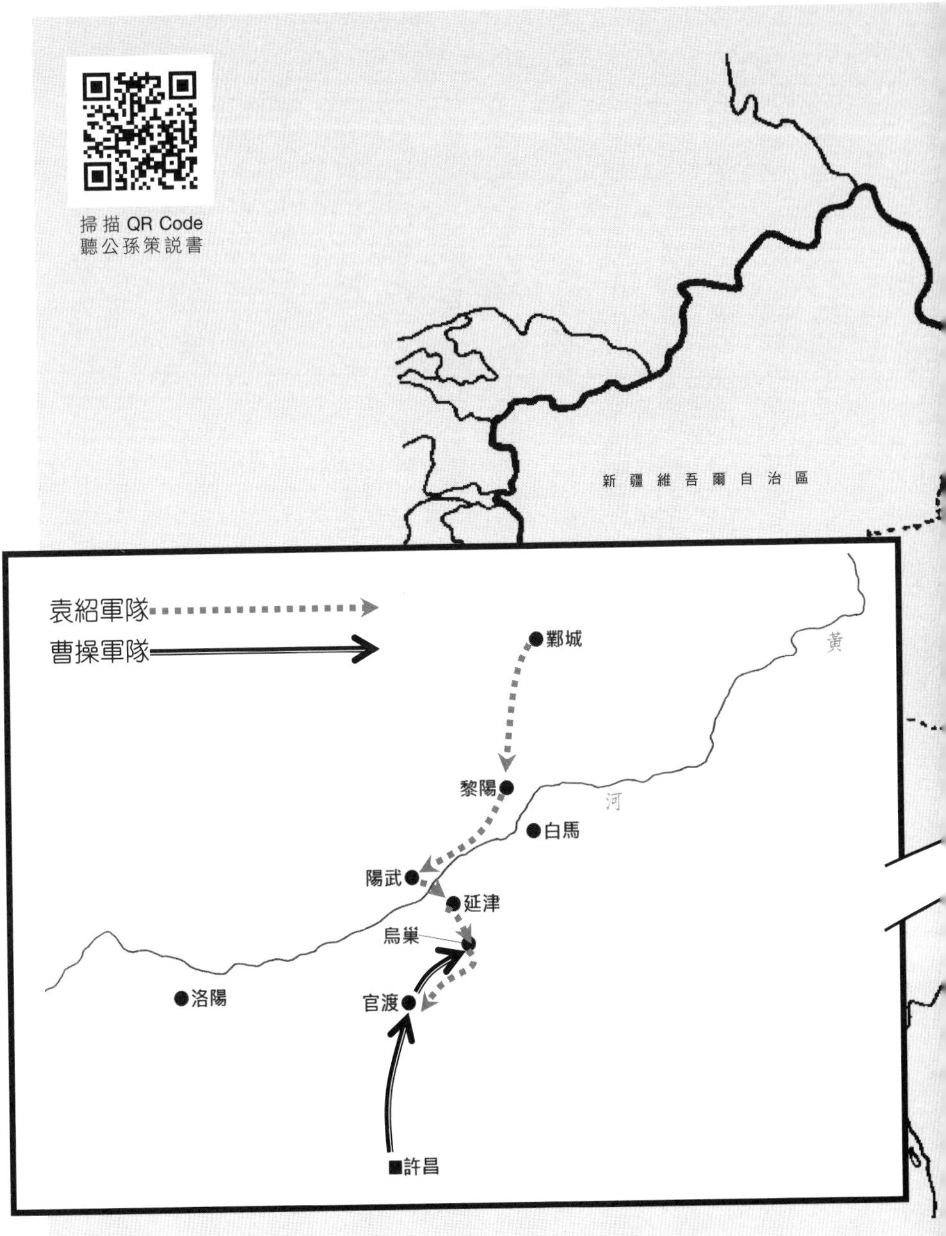

袁紹在官渡大營得到報告，決定攻擊曹操大營，絕其退路。命大將高覽、張郃執行這項任務。

張郃說：「淳于瓊一旦被殲，我們將陷入危急，應該先救淳于瓊。」可是參謀郭圖附和袁紹，力主攻擊曹操大營。於是袁紹決定，只派出輕騎兵援救淳于瓊，而以主力攻擊曹操大營。結果久攻不克。

救援的騎兵抵達烏巢，曹操的左右報告：「敵軍已經接近，請分軍阻擊。」

曹操大怒開罵：「等他們到了背後，再告訴我。」

曹操下定決心「顧前不顧後」，曹軍陷入腹背受敵的險境，士卒死中求生，拚命向前，殺聲震動天地，終於擊潰烏巢守軍，斬淳于瓊，縱火焚燒袁軍屯糧。然後曹操下令：將俘虜割下鼻子，牛馬割下唇舌，驅回袁紹大營——如此殘忍畫面，令袁軍官兵大為震怖。

郭圖的謀略失敗，反而陷害張郃，對袁紹說：「張郃聽說兵敗，現出高興神情！」張郃與高覽在前線攻曹操大營，聽到消息，燒毀攻寨器械，投降曹軍。袁紹大軍在一連串不利軍情衝擊之下，霎時崩潰，官兵四散逃命。袁紹跟兒子袁譚，只帶了八百餘騎兵，北渡黃河，奔回大本營鄴城（古城在今河北邯鄲市）。

這一場大戰，奠定了曹操獨霸北方的地位。

09、赤壁之戰 ——心態影響了戰術，風向決定了結果

官渡之戰曹操擊敗袁紹，確定他獨大，但是還沒有「清掃乾淨」。後來他又花了七年時間，才算一統北方（還不包括西北）。

然後曹操開始南征準備，包括：在鄴城（之前袁紹的大本營）鑿了一個人工湖玄武池以練水軍；派張遼、于禁、樂進等將領駐兵於許昌以南，矛頭指向荊州。此外，他還做了一個政治動作：命令西北軍閥馬騰全家遷至鄴城，避免後顧之憂。

荊州牧劉表之前在袁紹和曹操之間搖擺不定，袁紹敗亡以後，他也看出來曹操下一個目標就是荊州，卻又不甘心臣服曹操，終於頂不住壓力而去世。

劉表一死，曹操認為機不可失，決定即刻揮師南向。他採納荀彧的建議，除了先前在許昌以南駐軍的張遼、于禁、樂進，再加派軍隊，共七位將領、八萬大軍。自己另領一軍，抄捷徑輕裝疾趨宛、葉（宛城與葉縣，已經到了荊州南陽郡門口）。繼位荊州牧的劉

表次子劉琮，接受了蒯越、韓嵩及傅巽等遊說，獻出荊州歸順曹操，於是曹操大軍進抵新野（今河南南陽市）。

駐軍樊城的劉備這才知道曹操來了，他無力抵擋，只好棄樊城往南逃，目標江陵（今湖北江陵縣），那裡有劉表貯存的武器、糧草與裝備。

曹操聽說劉備南走，深怕劉備得到江陵軍實（軍用器械與糧食），於是派樂進守襄陽、徐晃屯樊城，自己則放棄輜重，帶著曹純、曹休等，率虎豹精騎五千追擊劉備。

【孫子兵法印證】

〈軍爭第七〉……軍無輜重則亡，無糧食則亡，無委積則亡。……

「委積」有兩個解釋：一說是「財貨」，今天稱經費；另一說是裝備。

無論如何，曹操為了怕劉備得到武器、糧草、裝備，自己拋棄輜重。這一點上面，有得有失。

劉備打一開始就擔心輜重拖累，因此派關羽押運輜重，順漢水前往江夏（今湖北武漢市），自己走陸路往江陵。可是，荊州人士不願歸附曹操的，很多都跟著劉備南行，使得劉備一日只能前進十多里，終於在長坂（今湖北荊門市）被曹操追上，十萬軍民被曹軍打得潰散四逃。劉備率本部人馬往漢水逃亡，幸能與關羽水軍會合，順流而下到江夏投靠劉琦（劉表的大兒子）。

曹操的輕騎兵無法追擊水軍，於是轉往江陵，巡撫荊州吏民，重用歸附的蒯越、韓嵩及傅巽等人，並收編荊州水軍，準備東下追擊劉備。

荊州在長江中游，中游發生劇烈變化，下游的孫權感覺到威脅，就派魯肅去江夏看看情況如何。魯肅是最早提出「鼎足」戰略觀的人，問題在於荊州劉表是孫權的殺父仇人（孫堅與荊州軍打仗時陣亡），不能提議跟劉表「鼎足」。劉琮投降曹操，劉備不投降，於是有了合作對象。可是，魯肅半路上聽說劉備在長坂被擊潰，便轉往江夏跟劉備碰頭，勸他跟孫權合作抗曹。劉備當然不反對，反而擔心孫權抵抗曹操的意志不夠堅決。

因此諸葛亮出馬了。他隨著魯肅去到柴桑（今江西九江市），當面向孫權分析曹軍的弱點：曹操勞師遠征，士卒疲憊；北人不習水戰；荊州之民尚未心服曹操。而劉備與劉琦合起來有二萬人可用之兵，如果孫劉聯合，肯定可以取勝。

諸葛亮在襄陽時，就向劉備提出「隆中對」，也就是鼎足三分大戰略。他對孫權更明確表示：爾後三分天下，聯合抗曹。孫權於是派周瑜、程普前往幫助劉備。

曹操當然不願見孫權跟劉備聯合，可是他剛剛取得荊州，志得意滿，認為劉備是手下敗將，不足為患；孫權當時才二十七歲，曹操五十四歲，把他當小孩子，也沒放在眼裡。所以，曹操送去江東一封勸降信，信上說「今治水軍八十萬眾，方與將軍會獵於吳」，恐嚇意味極重。這封信把江東的「鴿派」大臣嚇著了，紛紛主張「迎曹」，孫權心裡不以為然，卻又凹不過他們。

魯肅私下建議孫權，召回周瑜，徵詢他的意見。周瑜回到柴桑，分析曹操的弱點，跟諸葛亮所見略同，還多了一項「又今盛寒，馬無藁草，驅中國士眾遠涉江湖之間，不習水土，必生疾病」。這一番道理聽來簡單，卻能切中曹軍要害：北軍戰馬缺糧草，而南方無以供應；北方戰士水土不服，軍中疫病流行，戰力又打一個大折扣。孫權聽了，下定決心開戰，撥給周瑜三萬水軍，西上抗曹。

【孫子兵法印證】

〈行軍第九〉……凡軍好高而惡下，貴陽而賤陰，養生而處實；軍無百疾，是謂必勝。……

意思是：軍隊安營紮寨時，要選地勢高處、向陽方位、近水草的地方；能夠保持軍隊都不生病，就能打勝仗。

很多考證赤壁之戰的研究，對於曹操吃敗仗，都指向軍中流行染病，使得兵力大打折扣。

曹操將大軍分為兩路，步軍與水軍維持同步，沿著長江兩岸順流推進，北岸軍到了烏林，南岸軍到了赤壁。周瑜也來到赤壁，與南路曹軍打了一仗，曹軍不敵，曹操即刻下令，南岸的步軍全部上船，駛向北岸，兩路軍在烏林會合安營，並且令所有船艦兩兩相連（不若演義中寫的連環戰船），減低船身晃動幅度，維持北兵的戰鬥力。

江東水軍一向以接舷戰制勝，曹軍兩大船一體，使得進行接舷戰時，船上步兵數量倍增，這讓周瑜十分頭痛。江東將領黃蓋此時提出火攻建議：「今寇眾我寡，難與持久，然觀操軍船艦，首尾相接，可燒而走也。」雙方的鬥智非常精彩。

原本江東水軍比較靈活，在大江上打接舷戰，可以一對一各個擊破；曹操採取「雙艦合一」，若打接舷戰就成了「二打一」；黃蓋建議用火攻，則燒一船等於燒兩船。

想要進行火攻，先決條件是能夠接近曹軍船艦。於是黃蓋派人給曹操送去一封「降書」，而曹操居然採信了（演義杜撰了一幕「周瑜打黃蓋」的假戲，為曹操居然糊塗到相信黃蓋詐降合理化），並約定黃蓋投誠的時日。

【孫子兵法印證】

〈火攻第十二〉：發火有時，起火有日。時者，天之燥也；日者，……風起之日也。……

曹操是各家注解《孫子兵法》最有名的一位，他肯定明白這一段。可是他不熟悉南方的季節氣候，包括乾季與起風日等，才會跟黃蓋約定「那一天、那一刻」。

到了那一天、那一刻，黃蓋準備了十艘輕利船艦，滿載薪草膏油，外用赤幔偽裝，上插旌旗龍幡。當時東南風急，十艘船在中江順風而前，黃蓋手持火把，使眾兵齊聲大叫：「降焉（投降來了）！」曹軍官兵毫無戒備，眾人站在船上「延頸（伸長脖子）觀望」，口中議論紛紛，以為勝利在望。

離曹軍二里許，黃蓋下令點燃柴草，十艘船同時發火，火烈風猛，船往如箭，燒盡北船，延及岸上各營。「頃之，煙炎張天，人馬燒溺死者甚眾。」

曹操見敗局已無法挽回，當即自焚餘船，引軍沿華容（今湖北監利縣北）小道向江陵方向退卻。到了江陵城下，擔心敗戰消息傳回許昌，朝廷內會發生變故，因此沒有進城，交代曹仁等繼續留守江陵，滿寵屯駐當陽，自己馬不停蹄趕回許昌。

曹操經此一敗，失去統一天下的最好機會，從此沒有再採取大規模南進的行動。且由於魯肅和諸葛亮分別在孫、劉兩個陣營，推動聯合抗曹戰略，孫權將荊州借給劉備，就此奠定「三分天下」的局面。

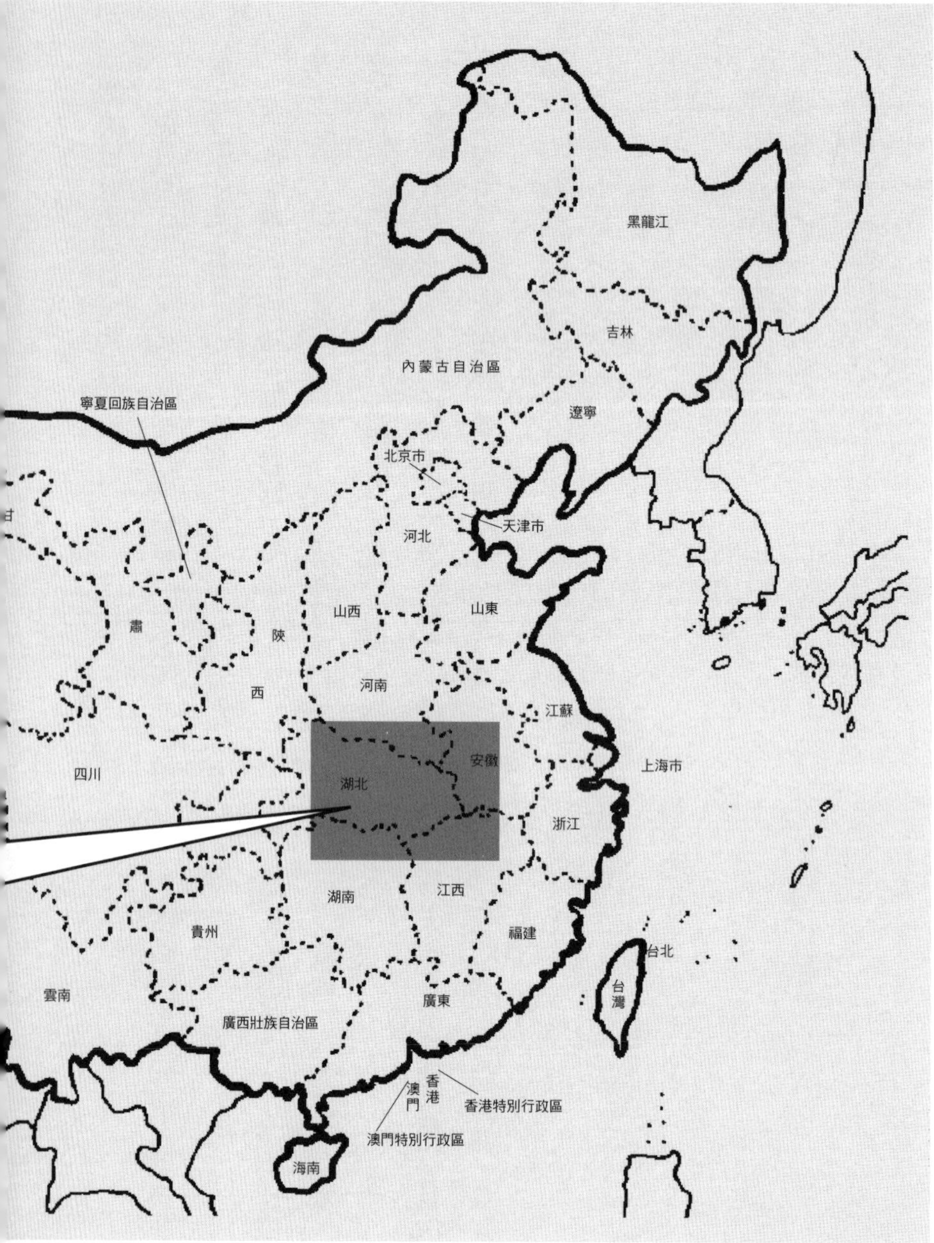
黑龍江
吉林
內蒙古自治區
遼寧
寧夏回族自治區
北京市
天津市
河北
山西
山東
肅
陝
西
河南
江蘇
四川
湖北
安徽
上海市
浙江
湖南
江西
貴州
福建
台北
台灣
雲南
廣東
廣西壯族自治區
澳門
香港
香港特別行政區
澳門特別行政區
海南

赤壁之戰示意圖

掃描 QR Code
聽公孫策說書

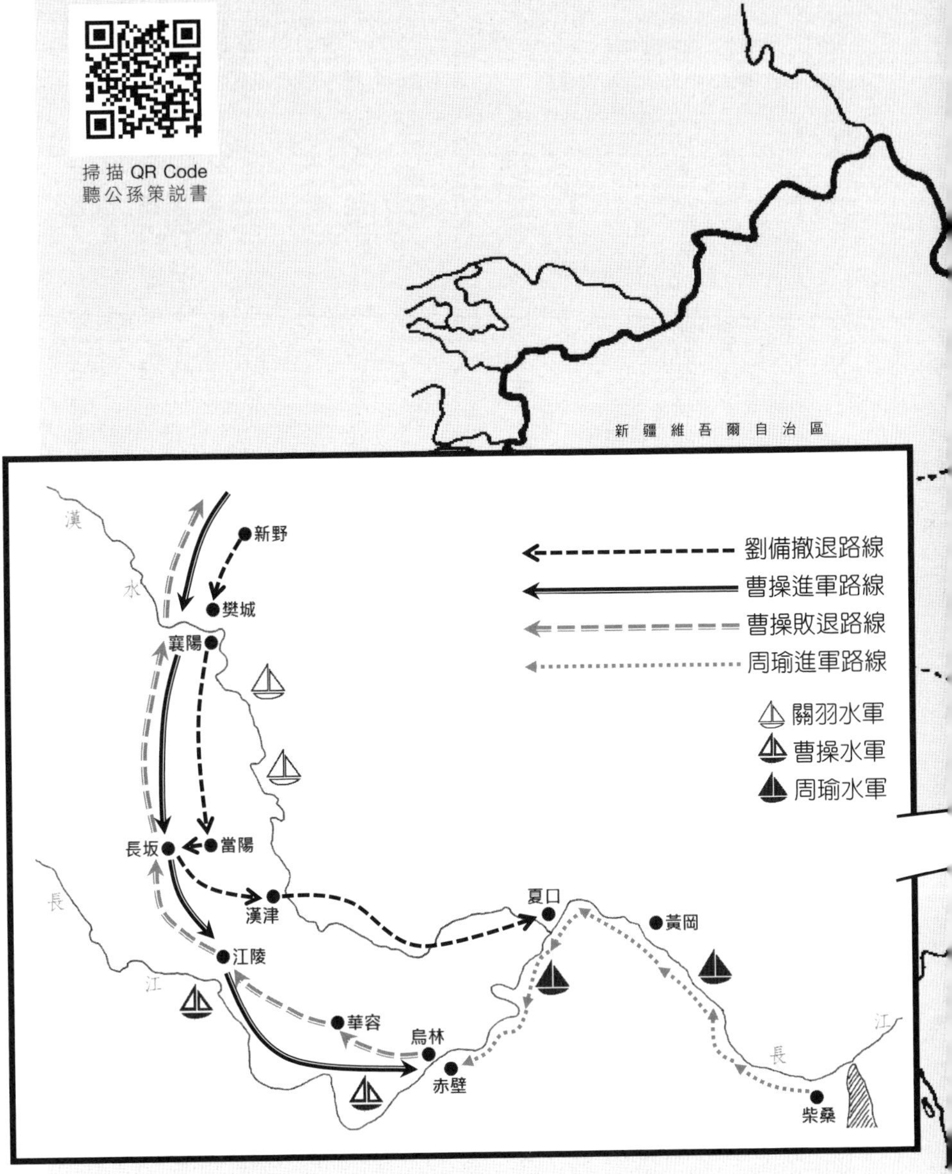

10、諸葛亮——最會處理敗戰的名將

「諸葛大名垂宇宙」（杜甫詩句），是吧？所以，諸葛亮的來歷就不浪費筆墨了。

然而，陳壽《三國志》對他的評語中有四句：治戎為長，奇謀為短，理民之幹，優於將略。意思是：諸葛亮的政治才能優於軍事才能，而軍事才能方面，治理軍隊又優於戰術謀略。這幾句受到後世《三國演義》讀者孔明粉絲的強烈質疑，但陳壽所言其實準確的描述了諸葛亮的才能。

諸葛亮提出「隆中對」，是一個超越凡俗的大戰略，讓劉備從「喪家之犬」到「鼎足三分」，那是他做為戰略家的無比傑作。更了不起的是，他在「高調論述」之後，能「促其實現」，後來更勉力維持，終其一生。

而諸葛亮的「名將生涯」，要從劉備白帝城託孤才開始。在此之前，大致上都是劉備親自帶兵打仗，麾下能夠獨當一面的，只有關羽。諸葛亮在劉備時代一直扮演「蕭何」角色，也就是充分發揮了「理民之幹」，讓劉備在前方作戰能夠不虞後勤。

白帝城託孤之後，一切都翻轉了。現在上位的皇帝是劉禪（阿斗），諸葛亮名義上是「老二」，卻必須承擔「老大」的責任，所有大小事都得他來拍板。而最大的困難是：荊州沒了。

東吳占有荊州、蜀漢失去領土，問題還不算最大，因為蜀地易守難攻，若只求自保，其實還可以撐很久。問題在於，東吳的實力不足以支撐那麼大一條防線：之前只管長江下游，現在占有荊州，防線擴大了一倍。簡單說，天下「鼎足而三」的前提是，吳、蜀有默契的在東方和西方牽制曹魏，一方有事，另一方就出兵幫忙「減壓」。如今蜀漢沒了荊州，土地與人民不足以支撐「鼎足」的一足，東吳則力不足以支撐半壁防線，眼看「三分」就要破局。

諸葛亮於是採取了「任勢勝形」戰略，以物理的力學觀念來比喻，就是不斷增加「動能」，以補「位能」之不足——蜀漢以弱勢的一方主動出擊，並且次數頻繁到能夠平衡三國版圖的差異，具體的做法就是：北伐。而蜀中本來就缺乏大將（劉備、關羽、張飛都已不在），諸葛亮只有親自領兵出征。（拿漢初三傑來比喻，諸葛亮之前只要扮演「蕭何」，現在連「張良跟韓信」都包了）

同時是國家最高決策者與軍事統帥，諸葛亮確實做到了：「上兵伐謀，其次伐交，其次伐兵」，但是他也犯過「其下攻城」的錯誤。

他首先確定，北伐必先南征，也就是安定大後方。當時蜀漢南方有一個叛亂集團，首領是個漢人，名叫雍闓，他連續殺了兩個太守，並向東吳投誠，還煽動蠻族「起義」。

諸葛亮先用安撫手段，不出兵清剿，關閉所有關隘，積蓄糧秣準備日後使用。等到鄧芝出使東吳成功，重新建立吳蜀聯合抗魏的默契，確定東吳不會再支持雍闓，他才親自率軍南下。

大軍出了成都數十里，參軍馬謖一路送行，在辭別時向諸葛亮提出建議：「南中（今雲南）叛亂不服已有多年，今天討平，明天又反。如果將他們屠滅，以求永絕後患，既失仁愛之心，短時間又不可能消滅完全。用兵之道『攻心為上，攻城為下，心戰為上，兵戰為下』，我建議您以收服蠻族的心為務。」這個建議跟諸葛亮的想法不謀而合，從此認定馬謖有將才。

到了南中，連戰皆捷，擊斬雍闓後，大軍分三路進兵，在滇池（今雲南昆明市境內）會合。蠻族首領孟獲集結雍闓餘眾繼續抵抗，由於孟獲素來得到南中蠻族跟漢人的敬重，諸葛亮下令「一定要生擒孟獲，不准傷害他」，不久果然生擒。

諸葛亮帶孟獲參觀蜀漢大軍營壘，問他：「怎麼樣，我們的軍容盛大吧？」

孟獲說：「之前不曉得彼此虛實，所以戰敗。現在看過了你的營壘，如果就這樣而已，我要取勝易如反掌。」

諸葛亮聞言，笑著下令為孟獲鬆綁，說：「你回去，我們再戰一場。」再戰，諸葛亮再一次俘虜孟獲。相同對話與戲碼重複上演，最終諸葛亮將孟獲「七擒七縱」！

最後一次，諸葛亮仍然要孟獲回去捲土再戰，孟獲不走了，說：「閣下天威莫測，南中從此不再反叛。」

諸葛亮於是平定南方四郡，凱旋班師。同時任命蠻族各酋長為州郡官吏，命他們徵收金銀、丹漆、牛馬等，供應國家與軍事需要。

兩年後，南方不但沒有再度反叛，更成為蜀漢北伐的後勤與兵源基地，諸葛亮乃能放心北伐。他上書劉禪（前出師表），然後率領大軍進駐漢中（今陝西漢中市）。

魏明帝曹叡（曹丕之子）得到消息，打算先發制人，發動攻擊。可是身旁的文官卻說：「當年武皇帝（曹操諡號魏武帝）攻打張魯，陷入危境，靠運氣才勉強成功，他多次談及：『南鄭（漢中郡治）簡直是天然的地獄，褒斜谷根本是一條五百里長的石穴。』不如命將領分別把守險要關隘，敵人進攻不利，自然會撤退。」這個建議是正確的，可是魏明帝打消了先發制人的念頭，卻沒有下令各地方要加強戒備，諸葛亮因此有了可乘之隙。

曹魏當時鎮守關中的是安西將軍夏侯楙，也是曹操的女婿、曹叡的姑丈。蜀漢將領魏延向諸葛亮請纓：「夏侯楙是靠裙帶關係當上將軍，既沒有膽量，又沒有謀略。請撥給我五千精兵，外加五千後勤補給軍士，穿過子午谷北進，十天之內可以到達長安。夏侯楙肯定聞風逃竄，長安城兵不血刃到手，魏國的糧倉和關中民間存糧，足夠我們部隊給養。等到魏國在東方集結兵力，最快也要二十天才能到達關中，而丞相大軍從褒斜谷北上，也該到達了。這樣，咸陽以西可以一舉收復。」

諸葛亮沒有採納這個建議。

漢中進攻關中的四條路線

第一條是走子午道，由正南方經子午谷直取長安，從前劉邦入漢中時，張良建議劉邦「燒棧道」的那一條，魏延建議的就是這一條。這條路線最直、最快，卻也最險，若不能速勝，很可能自取滅亡，諸葛亮始終都沒有走這一條路線。

第二條路線是走褒斜道，循褒水、斜水河谷，最後出斜谷口（今陝西郿縣）進入關中平原。這是從漢中的角度，從關中的角度則是溯溪入蜀，歷史上最早秦國滅蜀就是走這一條路。

第三條路線是走陳倉道，主要是循嘉陵江上游古河道，也就是韓信「暗渡陳倉」襲取關中的路線。

第四條路線是兵出祁山，先取隴右，徐圖關中。這條路最迂迴，可是也最穩妥，因為道路平緩得多。

諸葛亮放出空氣：大軍將循褒斜谷攻取郿縣（今陝西寶雞市郿縣），並派出趙雲、鄧芝率軍據守箕谷，故布疑陣。自從關羽、張飛死後，蜀漢最有名的勇將就是趙雲，曹魏當然相信諸葛亮的主力將從這條路線來，因此派大司馬曹真都督關右諸軍（總管函谷關以西所有軍隊），進駐郿縣。

但事實上，諸葛亮本人率領主力大軍走祁山河谷，那一片地方已經很多年沒有戰爭，各郡縣也毫無防備，聽說諸葛亮大軍殺到，地方官手足無措，老百姓態度搖擺（那一帶從前是馬騰、馬超父子的地盤），一時間，天水、南安、安定三郡（都在今甘肅東部，靠近關中）先後叛魏，歸附蜀漢。

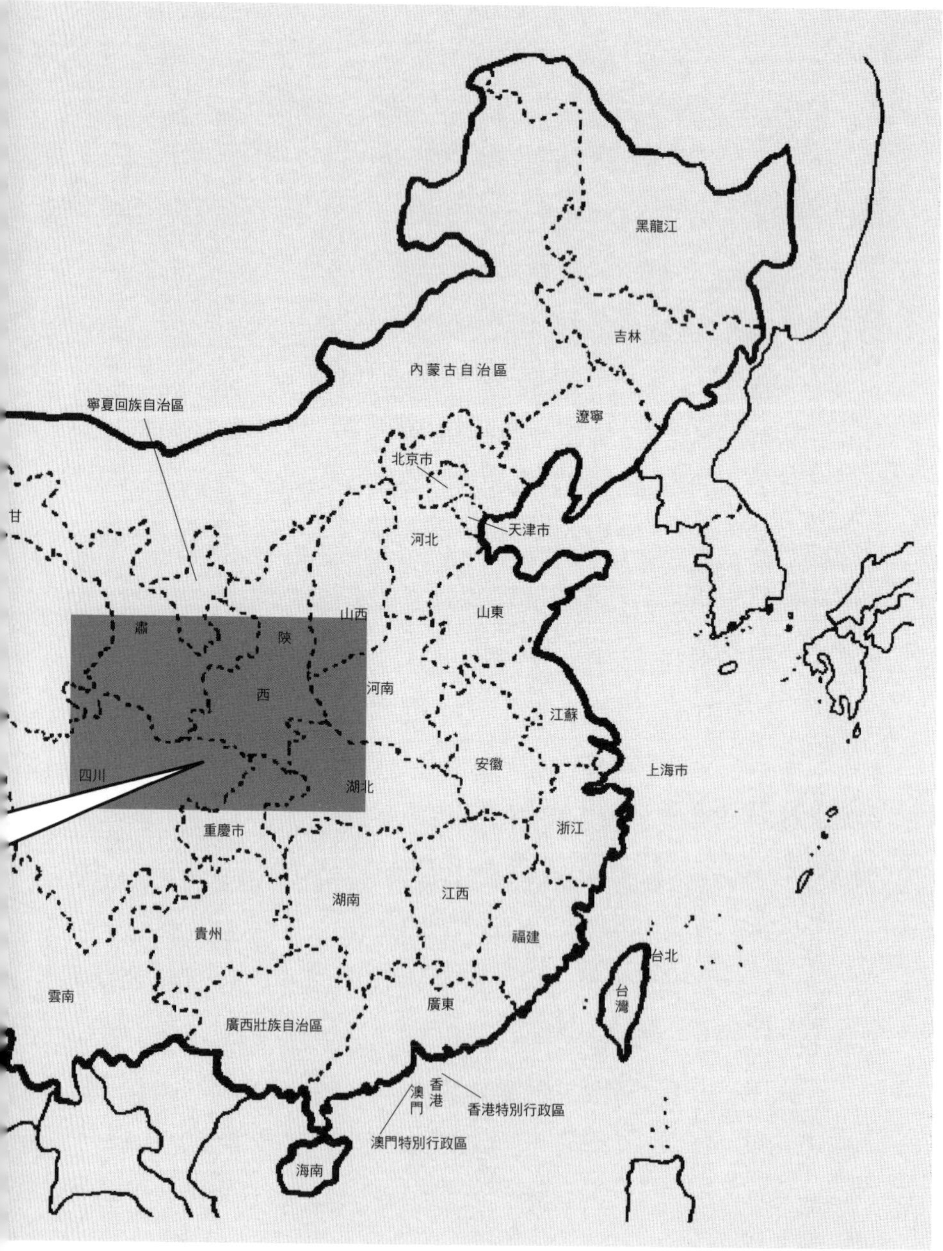
黑龍江
吉林
內蒙古自治區
遼寧
寧夏回族自治區
北京市
甘
天津市
河北
山西
山東
肅
陝
西
河南
江蘇
安徽
上海市
四川
湖北
重慶市
浙江
湖南
江西
貴州
福建
台北
台灣
雲南
廣東
廣西壯族自治區
澳門
香港
香港特別行政區
澳門特別行政區
海南

諸葛亮北伐路線圖

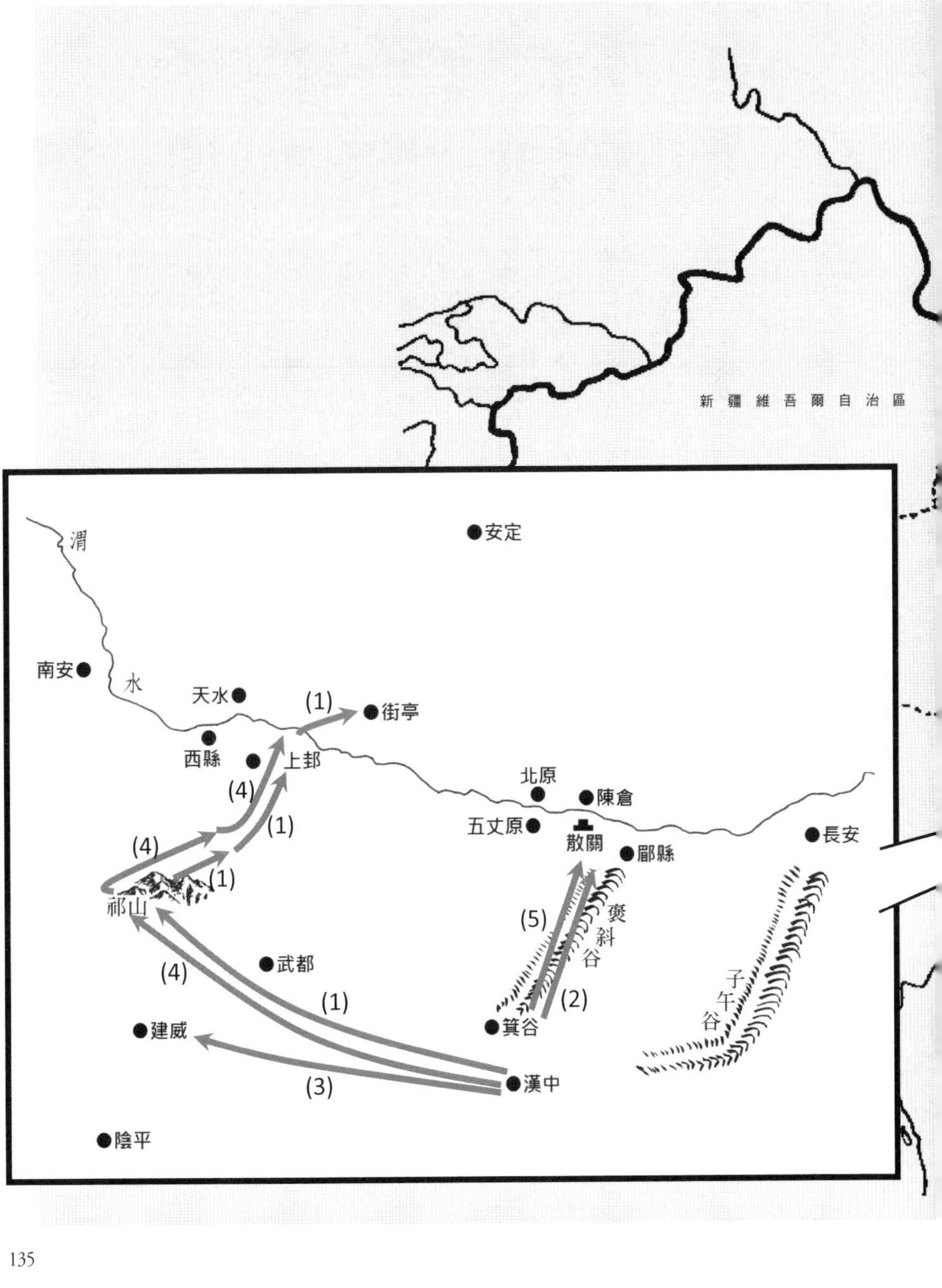
新疆維吾爾自治區
安定
渭
水
南安
天水
街亭
西縣
上邽
北原
陳倉
五丈原
散關
郿縣
長安
祁山
褒
斜
谷
子
午
谷
武都
箕谷
建威
漢中
陰平
(1)
(2)
(3)
(4)
(5)

魏明帝曹叡命大將張郃領步騎五萬人西上阻截，自己御駕前往關中，以鼓舞士氣。蜀漢軍隊卻在這個當口發生重大失誤：諸葛亮派馬謖統御前線各軍固守街亭（今甘肅天水市境內），那是一個河谷開闊、四通八達的戰略要地，進可攻退可守。可是馬謖卻違背了諸葛亮的指示，放棄水源和城壘，竟然在山上築營。張郃大軍開到，切斷馬謖軍的水源，等到蜀漢軍渴得快癱瘓了，張郃發動攻擊，就如摧枯拉朽般將蜀漢軍擊潰。

諸葛亮面對前方敗勢，下令遷徙西縣（今甘肅天水西南）居民一千餘家，返回漢中，下令逮捕馬謖，處斬。諸葛亮自己則上書請罪，自請貶降三等，官銜右將軍，但仍攝理丞相職務。

後人論諸葛亮這一次北伐，多有批評他不採納魏延的「出子午谷直搗長安」戰略，可是我們揣摩諸葛亮的戰略思考，主要是在西方牽制曹魏兵力，因為蜀漢即使打進長安，也沒有能力守住關中，因此打從頭就沒有要攻取關中，當然不會採納奇襲戰略。

再看街亭敗戰以後，王平（演義中馬謖的副將）所屬一千人「擂鼓固守營壘」，使得張郃「疑有伏兵，不敢追擊」，王平乃能集結散兵游勇，緩緩撤退。王平是一個大老粗，認識的字不到十個，相信他的動作完全是奉行諸葛亮的指示，也就是說，諸葛亮從頭就有「萬一打敗仗」的預備方案。同樣的，扮演「疑兵」的趙雲在撤退時親自斷後，輜重糧秣沒有任何損失，且部隊秩序井然，雖敗退而幾乎沒有損失，亦可見諸葛亮先前就有所囑咐。

曹魏經此一戰，開始在關中布置足夠兵力。而諸葛亮既然已經達成戰略目標（牽制西方），乃回到漢中，命軍隊屯田生產，西縣遷移回漢中的一千家平民也加入生產行列，儲蓄糧秣，維持曹魏置重兵於關中。

八個月後，孫權在東方戰場擊敗曹魏大將曹休，諸葛亮決定趁此機會再對曹魏施壓，於是上〈後出師表〉，率軍出散關（遺址在今陝西大散嶺上），包圍陳倉。而曹魏大司馬曹真早就預料「諸葛亮下次一定從陳倉道來」，因此陳倉城守將郝昭雖然只有一千餘守軍，可是糧械充足，守備牢固。

諸葛亮這次估計錯誤，他認為曹魏東方救兵不可能及時趕到，可是他低估了陳倉城的守備力量，猛攻二十餘日，郝昭頑強抵抗。洛陽那邊，魏明帝曹叡問即將出發的張郃：「將軍抵達前，陳倉會不會陷落？」張郃說：「等我到達時，諸葛亮已經撤退。」

果然，蜀漢軍隊糧秣告罄，諸葛亮回軍。魏將王雙追擊，諸葛亮設計斬王雙——又一次「退而不敗」。

隔年，諸葛亮命部將陳式攻擊武都、陰平，這兩個郡都是鳥不生蛋的偏僻地方，卻是魏國可以攻擊蜀漢的要道（後來鄧艾攻蜀就是走陰平道），雙方沒有大規模接觸，魏軍退卻。再隔年，魏國大司馬曹真對蜀漢一再騷擾西方非常頭痛，主張出動大軍予以「解決」，但司空陳群諫阻，魏明帝把陳群的奏章給曹真看，曹真不予理會，隨即領軍出發。諸葛亮獲報，將重兵集結在城固（今陝西城固縣）、赤坂（今陝西洋縣東），嚴陣以待。就在此時，大雨不停，連降三十餘日，棧道完全斷絕，曹叡下詔曹真撤退。

又隔年，諸葛亮發動第四次北伐，包圍祁山。鑑於之前有過「糧盡而返」的經驗，諸葛亮發明了「木牛」，用來轉運糧秣，可以在棧道上推行，節省後勤人力。這時，曹真病重（不久病死），魏明帝徵召司馬懿為大將軍，進駐長安。

司馬懿命副將領四千人駐守上邽（今陝西天水市），其他所有軍隊馳援祁山。諸葛亮早算準司馬懿的動作，只留一部分軍隊繼續圍攻祁山，自己率主力攻打上邽，擊破二軍，趁勢割取剛好成熟的小麥。

這時司馬懿聞報回軍，兩軍相遇，司馬懿據險紮營，拒不出戰。諸葛亮向後撤退，司馬懿只尾隨、不攻擊。魏軍諸將群情激憤（都是曹真的部將，認為司馬懿膽怯），司馬懿只好下令出擊，命張郃出奇兵攻擊蜀漢軍後方，自己跟諸葛亮正面對峙，以為牽制。但是諸葛亮最會打「退卻戰」，將魏軍殺得大敗。然後諸葛亮再後退，司馬懿命張郃追擊，遭遇伏兵，箭石俱發，張郃被巨石擊中，傷重死亡。

諸葛亮退回漢中，休養生息，三年後，又動員十萬大軍北伐，這次走的是褒斜道，出斜谷口在渭水南岸紮營，並且派出使節，請東吳同時出兵。

司馬懿率軍渡過渭水，兩軍隔著渭水紮營布陣。郭淮向司馬懿提出：「諸葛亮一定會奪取北原（五丈原北邊區塊），然後切斷往隴右（甘肅南部靠近關中）的交通線。」司馬懿遂命郭淮進屯北原。

正在築壘，蜀漢軍隊已經湧到，郭淮強力迎戰，擋住蜀漢軍攻勢。諸葛亮見無法立即取得優勢，下令軍隊沿渭水開墾荒田，然後交給當地居民耕種，收成與農民共享，以充實軍糧。

雙方僵持一百餘日，諸葛亮不斷挑戰，司馬懿堅守不出。諸葛亮派人送女性的首飾衣服給司馬懿，司馬懿上書要求出戰，魏明帝派使節以皇帝符節前往大營，禁止司馬懿出戰。（其實那是一場雙簧，魏明帝跟司馬懿合演給諸將看的）

卻在此時，諸葛亮病倒了，蜀漢皇帝劉禪（阿斗）派使節到前線，問他「誰能接班（丞相）？」諸葛亮屬意的是蔣琬，然後是費禕。不久，諸葛亮就在五丈原軍營逝世。長史楊儀率軍撤退，老百姓去向司馬懿報告，司馬懿追擊，卻被姜維打了一記突擊反撲。司馬懿急行收兵，不敢進逼，蜀漢軍於是安全退入褒斜谷，楊儀這才為諸葛亮發喪。當地因此流傳一句諺語「死諸葛走生仲達（司馬懿字仲達）」。這話傳到司馬懿耳中，笑笑說：「我能預料他活著的事，不能預料他死後的事。」當然這是阿Q的說法，大有「我鬥不過你，你活不過我」的意味。一路追到赤岸（褒斜谷南口），追不上蜀漢軍，司馬懿方才回軍。經過五丈原諸葛亮留下的殘營廢壘，連連歎息：「真是天下奇才啊！」

【孫子兵法印證】

古今中外的名將很多，但幾乎都是以打勝仗著稱，只有諸葛亮是以處理敗退而成為名將。更明確一些說，諸葛亮有很多次在敗退過程中，卻能取得重大勝利。因為有這個本事，所以諸葛亮即使打敗仗，總是能保全軍隊戰力。

所有兵法都求勝，但《孫子兵法》有兩個最重要的觀念：一是「先勝」，二是「全勝」。後者的意思是「勝而能全」，最能顯示這個觀念的一段是：

〈謀攻第三〉：凡用兵之法，全國為上，破國次之；全軍為上，破軍次之；全旅為上，破旅次之；全卒為上，破卒次之；全伍為上，破伍次之。……必以全爭於天下，故兵不頓而利可全。（注：一「軍」一萬二千五百人，一「旅」五百人，

一「卒」一百人，一「伍」五人）

孫子的意思是，勝利無可取代，為了勝利，即使代價是「破國」也得付出，所以說「次之」。可是將領必須努力保全軍隊，即使是一伍也要保全。從先勝、全勝出發，於是孫子推崇「不戰」超過「善戰」。

〈謀攻第三〉：百戰百勝，非善之善者也；不戰而屈人之兵，善之善者也。

七擒七縱孟獲，贏得南蠻之心，讓南中（今雲南一帶）成為北伐的資源而非後顧之憂，諸葛亮不愧為「仁將」。

事實上，諸葛亮確實具備了〈始計第一〉提出的將領五德「智信仁勇嚴」：計謀無窮又能造木牛流馬是「智」；蜀中軍人駐防漢中絕不耽誤移防日期是「信」；七擒七縱孟獲是「仁」；親自領軍北伐是「勇」；揮淚斬馬謖是「嚴」。

11、淝水之戰——風聲鶴唳，草木皆兵

三國鼎立局面在司馬懿的孫子司馬炎手中結束：魏滅蜀、晉篡魏、晉滅吳。可是晉朝的統一局面，卻是整個大分裂時代（廣義的說，從東漢末年軍閥割據到南北朝結束）中間的一段「異數」，只因為魏、蜀、吳的政治都太爛了，「比爛」的結果，晉朝勝出。

可是司馬家的後代也很爛，西晉的奢侈、貪墨風氣是史上最嚴重，又發生了「八王之亂」，給予當時大批進入中國北方的草原民族以可乘之機，迫使東晉在南方建立流亡政權，而北方則是「五胡十六國」。

南方的東晉在桓溫當權時期，國力還不錯，曾經三次北伐，一度攻進關中，最後卻都無功而返。北方經過數十年部族戰爭，被氐族苻堅的前秦以武力統一，然後就發生了淝水之戰。

前秦的崛起，一個重要因素是苻堅重用漢人王猛，勵精圖治，富國強兵。王猛曾經

數度勸苻堅不要南征，可是王猛死後，苻堅就一心想要揮軍南下，完成統一大業。他記取了曹操在赤壁之戰挫敗的前車之鑑，戰略是先攻荊州，掌握長江中游之後，不跟東晉打水戰，大軍則由東方青徐（今山東、江蘇北部）南下。

可是進攻荊州的軍事行動並沒能徹底完成：苻堅派長子苻丕率步騎兵七萬人大舉進攻襄陽，同時命另外三路軍隊共十萬人，從不同地方前往襄陽會合，再發動總攻。

東晉梁州刺史（州治在襄陽）朱序起初有些輕敵，因為前秦軍隊沒有水師船隻，可是前秦的五千騎兵先鋒卻突然渡過勉水，直逼襄陽城下。朱序猝不及防，外城被攻陷，只能緊守內城。但是，江邊的船隻一百餘艘，這下全數落入前秦軍掌握，將勉水北岸的大軍全數運送到南岸。

苻丕指揮大軍對襄陽進行總攻擊，東晉在長江中游的總司令桓沖（桓溫之弟，都督七州諸軍事）擁兵七萬人，畏懼前秦兵力強大，不敢援救，於是苻丕下令急攻襄陽。朱序動員全城百姓死守襄陽，包括他的母親韓氏，帶領婢女及城內婦女一百餘人，在內城加築一道輔牆，後來西北城腳崩塌，晉軍就據輔牆而守，襄陽人稱那道牆為「夫人城」。總之，苻丕攻了七個多月，襄陽城仍固若金湯。

前秦的朝廷內，有御史彈劾苻丕，認為他率領十餘萬大軍，圍攻一個小城，每天要支出軍費一萬兩黃金，久而無功，應將他召回長安治罪。苻堅派黃門侍郎持節去襄陽面折苻丕，並交付一把劍，說：「明年春天（當時是十二月），如果不能傳回捷報，你就用這把劍自殺吧，不必厚著臉皮跟我相見。」苻丕接到詔書和寶劍，大為惶恐（尤其因為他的庶長子身分，政治風險超高），下令各軍更加猛烈攻城。

【孫子兵法印證】

〈作戰第二〉：其用戰也勝，久則鈍兵挫銳，攻城則力屈，……力屈、財殫，中原內虛於家。百姓之費，十去其七；公家之費，……十去其六。……

即使戰勝敵人，但若拖太久，則兵器也鈍了、銳氣也挫了，尤其是攻城，士傷馬疲力量耗盡，……後方財力耗費更是嚴重問題，為了支持對外戰爭，人民積蓄耗費七成，家家貧困；官家積蓄耗費六成，財政困難。

襄陽城內，朱序知道等待援軍已經無望，只能偶爾出其不意的開城突擊，每次都頗有斬獲，迫使前秦軍稍向後撤，而城內則稍微得到休息。但是如此情況無法持久，終於襄陽城內出現漢奸，督護（職務性質接近國軍政戰主管或解放軍政委）李伯護命兒子出城與苻不接洽做為內應，於是襄陽城陷落，朱序被生擒，押送前秦都城長安。

苻堅認為朱序是個堅貞之士，非但不殺他，還任命他為度支尚書（相當主計長）；認為李伯護是個賣國奸邪，處斬！

襄陽攻下了，可是桓玄大軍仍屯駐江陵與長江以南。苻堅一心想避開「赤壁之戰」重演，於是下令攻下襄陽的前秦軍，分兩路往東移動，攻擊淮水以南地區。前秦六萬大軍包圍三阿，距離廣陵（三阿、廣陵都在今江蘇揚州市）不到百里，東晉都城建康（今江蘇南京市）為之震動，沿長江加強戒備。謝石（宰相謝安的弟弟）率江防艦隊進入滁河（在安徽），謝玄（謝安的侄子）從廣陵出發援救三阿，連續四陣擊敗前秦軍。

謝玄打勝仗的主力，是他在江南招募的「北府兵」，這是中國軍事史上首度出現的傭兵軍團，事實上替東晉政府舒緩了大量湧至南方的流民問題，也解決了國防兵源問題，一舉兩得。（流民沒有土地可耕種，無論如何都會構成社會問題；本地人民不願當兵打仗，卻願意繳稅雇流民當兵）

長安城內，苻堅為淮南的敗戰震怒，幾位將領都被處死。苻堅無法理解為什麼會兵敗，因為在此之前，北兵對上南兵從來沒敗過，他根本不曉得有「北府兵」的存在。

【孫子兵法印證】

〈謀攻第三〉：知彼知己，百戰不殆；不知彼而知己，一勝一負；不知彼，不知己，每戰必殆。

很多人以為《孫子兵法》說的是：「知己知彼，百戰百勝。」但事實上《孫子兵法》裡面並不推崇「百戰百勝」，而肯定「百戰不殆」。

至於苻堅，一心以為百萬大軍足以投鞭斷流，統一如探囊取物。但是他既不知彼（不知道東晉有一支勁旅「北府兵」），也不知己（其他部族從頭就保留實力，不想作戰）。後來他兵敗淝水，鮮卑族慕容垂全軍完整，羌族姚萇甚至兵未出關中，就是明證。

苻堅決定親自南征，但必須先安定北方，避免匈奴、鮮卑、羌部族作亂。他的做法跟諸葛亮恰恰相反，諸葛亮是收南方部族的心，苻堅則是派出氐族親貴，分駐各險要地方鎮壓，學的是周公的封建制度，但事實上反而分散了氐族的力量。（五胡當中，匈奴與鮮卑

是大族，氐、羌、羯是小族）

苻堅自認為軍力夠了（算算總數可動員各部族九十七萬大軍），於是召集群僚共商南征大計，當場各種意見不一，不能獲致共識。散會後，苻堅單獨把弟弟苻融留下商議，可是苻融列舉三大理由反對，甚至流著眼淚進諫：「鮮卑、羌、羯都是仇人，卻滿布京師，陛下將大軍帶走，太子只有數萬老弱殘兵留守，就怕變生肘腋啊！」太子苻宏也不贊成苻堅御駕親征，可是苻堅不聽他們的，全副精神都放在南征的軍事計畫上面，精神亢奮得半夜都會驚醒。

終於，他正式下達命令全面動員，每十個成年男丁抽一個當兵，家世清白子弟勇敢而有才能者，都派為羽林郎（初級禁衛軍官），一下子，家世清白子弟自帶戰馬報到者三萬餘人；派苻融率二十五萬人為前鋒，自己率步兵六十餘萬、騎兵二十七萬為主力，旌旗蔽天，戰鼓動地，前後綿延千里——主帥苻堅到了項城（今河南項城市），後面涼州部隊才到咸陽，各路大軍相距萬里。（事實上，百萬大軍從來不曾完全集結）

東晉孝武帝司馬曜詔命謝石為征討大都督，謝玄為前鋒都督，謝琰（謝安之子）為輔國將軍（全都是謝家班），統領八萬人抵抗。

謝玄出師前向謝安請示機宜，謝安只說：「我會另行下達。」但實際未做任何指示。

之後謝玄叫部將張玄再去請示，謝安乾脆驅車前往郊外別墅，跟親友遊山玩水，深夜方回。

遠在長江中游的桓沖請求派精銳軍隊三千人入衛京師（桓溫掌控十萬大軍），謝安婉謝。桓沖對幕僚說：「難道我們要『左衽』（胡人襟開左邊）了嗎？」總之，東晉朝野一片驚慌，宰相謝安一派安詳，但只有謝家班將領前往前線抗敵。

前秦的前鋒部隊攻下壽陽（今安徽壽縣），那是淮南的重鎮，東晉前線將領胡彬只好退守硤石（今安徽鳳台縣西南）。苻融大軍包圍硤石，派將領梁成沿洛澗布防，阻擋東晉援軍，謝石、謝玄挺進到洛澗東方二十五里處，不能再前進。

胡彬糧秣已盡，派人走小路向謝石報告：「賊勢強大，我軍糧盡，此生恐難再相見。」可是密探被前秦捕獲，押送給苻融。

苻融派騎兵飛報苻堅：「敵人兵力不多，很容易對付，只怕他們逃跑，我們應立即發動總攻。」

苻堅大喜過望，將大軍留在項城（不等各地軍隊集結），自己只帶八百騎兵，日夜不停趕到壽陽跟苻融會合。然後派朱序（原東晉襄陽守將，現在是前秦度支尚書）前往遊說謝石，勸他早日歸降。

朱序私下對謝石說：「等到前秦百萬大軍集結完成，肯定毫無勝算，應該在他們集結完成之前發動攻擊。如果打敗前鋒，可以挫敗他的銳氣，進而取勝。」謝石不敢採取正面對抗戰術，謝琰則勸謝石採取朱序的建議。

東晉軍前鋒都督謝玄派北府軍將領劉牢之領五千人試探敵方洛澗防線，劉牢之在距離洛澗十里處跟前秦軍梁成接觸。劉牢之奮勇前進，強行渡過洛澗，登岸後縱兵攻擊，大破前秦軍，斬梁成，崩潰的前秦軍甚至被逼得跳進淮水，戰死和溺死達到一萬五千人。於是謝石等軍水陸並進，隔淝水跟苻堅對陣。

苻堅跟苻融登上壽陽城樓眺望敵情，看到晉軍旗幟鮮明，軍容壯肅，軍士個個身材魁梧（流民為數眾多，可以精挑細揀）；又眺望八公山，誤以為山上草木都是晉軍（成語「草木皆兵」典故），發現之前嚴重低估東晉兵力，信心開始動搖。

【孫子兵法印證】

〈行軍第九〉……眾樹動者，來也；眾草多障者，疑也。鳥起者，伏也；獸駭者，覆也。塵高而銳者，車來也；卑而廣者，徒來也；……

〈行軍篇〉用了很大的篇幅，細述如何「相敵」，以上引述文字只是一小部分。重點在於，一個好的將領一定要能從細微徵候裡，研判敵人的狀況，苻堅與苻融顯然差很多。

淝水由南向北注入淮水，兩軍分別在東西兩岸，互不能前進。謝玄派使節晉見苻融，說：「如果貴國大軍稍稍向後撤退，讓我軍渡過淝水，一決勝負，豈不快哉！」前秦將領都反對後撤，苻堅卻認為：「我們不妨稍稍後撤，等他們渡過一半時，以鐵騎衝刺，沒有不大勝之理。」

苻融也同意這個戰術，於是指揮大軍稍稍退卻。誰曉得，大軍一向後移動，便一發不可遏止（沒有能力整頓軍隊攻擊半渡的晉軍），謝玄、謝琰等軍渡過淝水後，猛烈衝鋒，苻融騎馬奔馳，發號施令，才稍稍控制了情勢，跨下坐騎卻突然仆倒，苻融被晉軍斬殺。主帥既死，前秦大軍霎時崩潰，士卒四散奔逃，謝玄等乘勝追擊。前秦大軍互相踐踏而死的屍體，滿山遍野，河川為之阻塞；逃亡中的將士，聽到風聲鶴唳，都以為是晉軍追兵殺到，死亡估計十之七八（苻融統軍三十萬人）。

這一戰有個「幕後」英雄：朱序，他在前秦軍稍稍退卻時，在陣後大喊：「秦軍敗了！」大軍於是開始狂奔。等到戰役結束，朱序跟幾位之前被俘的晉軍將領回歸東晉。

苻堅本人被流箭射中，投奔鮮卑族慕容垂的軍隊，收拾殘兵敗將，回到洛陽時只剩十萬人，但文武百官、器具儀仗都在，稍稍恢復天王的架勢（苻堅稱「天王」不稱「帝」），但是他的帝國就此分裂，之前臣服於他武力之下的各個部族國家，都先後復國。

流亡江南的東晉政權因此戰役而得到喘息，當然也無力北伐；北方則再度陷入五胡諸國相互攻伐的局面，不可能南征。南北朝分治格局就此確立。

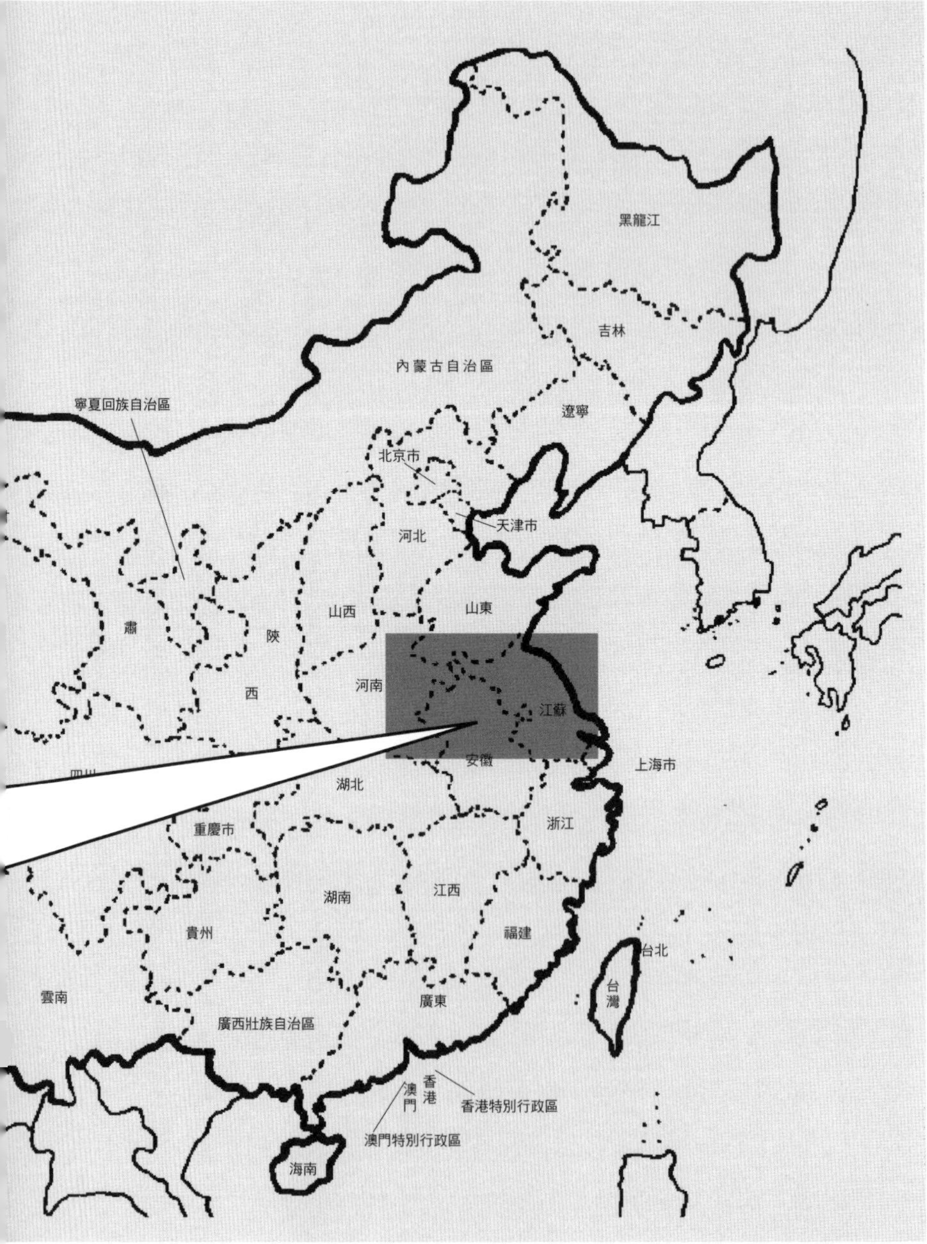
黑龍江
吉林
內蒙古自治區
遼寧
寧夏回族自治區
北京市
天津市
河北
山西
山東
肅
陝
西
河南
江蘇
安徽
上海市
湖北
重慶市
浙江
湖南
江西
貴州
福建
台北
台灣
雲南
廣東
廣西壯族自治區
澳門
香港
香港特別行政區
澳門特別行政區
海南

淝水之戰示意圖

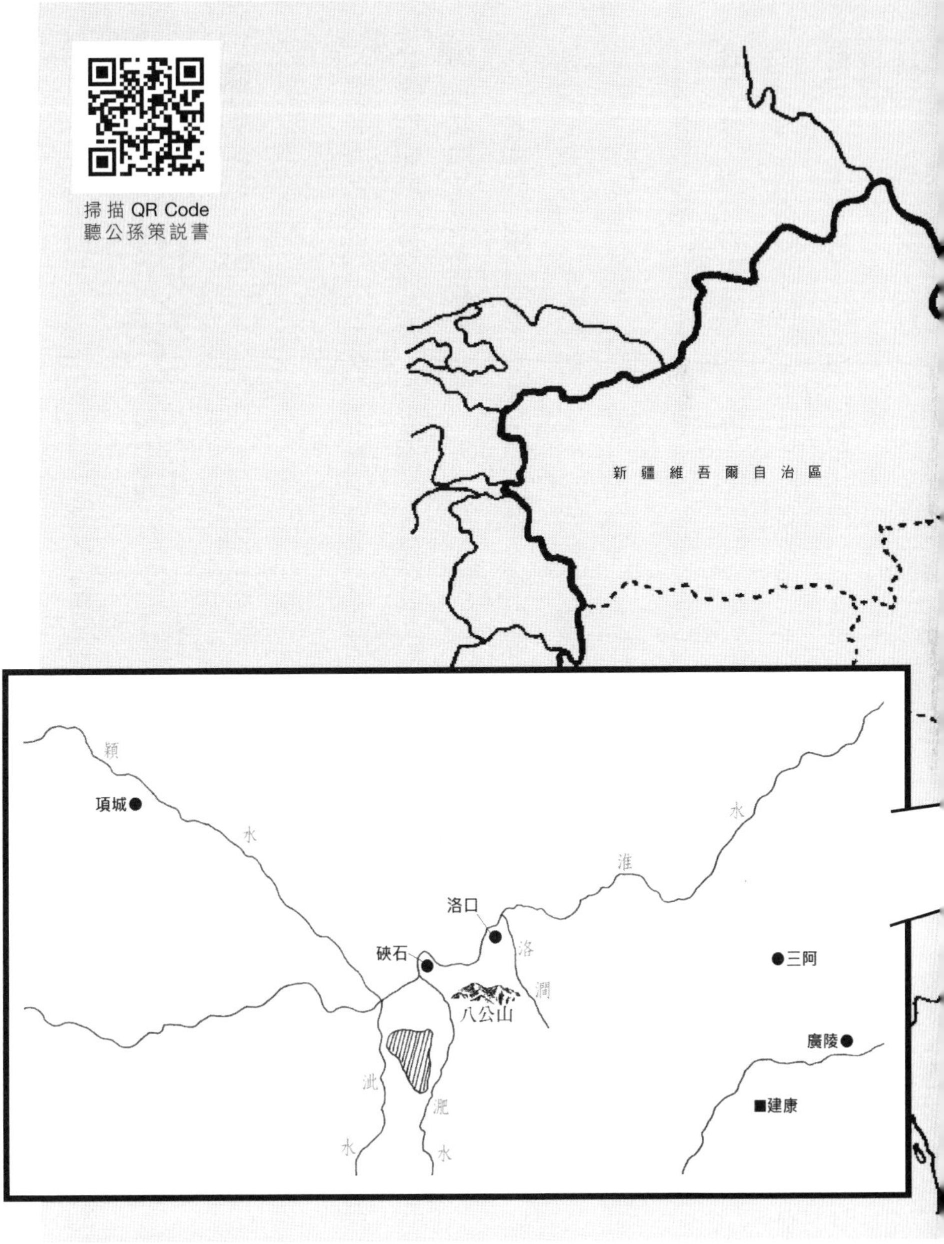
掃描 QR Code
聽公孫策說書
新疆維吾爾自治區
潁
項城
水
淮
水
洛口
硤石
洛
澗
三阿
八公山
廣陵
淝
水
淝
水
建康

12、虎牢之戰——圍點打援，以逸待勞

苻堅之後統一北方的是北魏，孝文帝拓跋宏進行了一次大規模的漢化運動，但是漢化並未能徹底，反而伏下了動亂因子，最終分裂為東魏與西魏，又分別被篡，成為北齊、北周，北周又滅了北齊。

北周的創業祖是宇文泰，他以關中為根據地，設計了一套融合胡人與漢人的政策，能夠擷取雙方的長處：保留胡人的勇武性格與部族兵制，同時提倡周禮復古，並提升關中漢人世族的地位。幾十年間，建立了一個「關隴集團」（胡漢世族通婚）。這個關隴集團發揮了文化與軍事力量，北周滅了北齊，統一北方。之後集團領袖楊堅篡了北周，建立隋朝，隋又滅了南方的陳國，統一天下。

隋文帝楊堅在位時，史稱「開皇之治」，民生樂利，國家富強。可是他的兒子隋煬帝楊廣卻好大喜功，三次親征高麗搞垮了經濟生產，之後他又耽於逸樂，隋文帝時為了運輸

糧食而開鑿的大運河，隋煬帝用它來「南巡」，動員數萬民工挽船，更徵調沿線五百里內的補給勤務，進一步毀滅民生經濟。

於是人民造反了，最嚴重的地區是今天河北、山東一帶，東征大軍與南巡御駕行經的地區，亂民大股十餘萬人，小股數萬人，人數之多，足以證明開皇之治的社會富庶，但亦足以證明隋煬帝如何喪失人心。

然而隋煬帝只求眼前逸樂，毫無悔意，他甚至說出：「天下的人口不能多，多了就會造反。」完全以殺戮為鎮壓叛亂的手段。

結果可想而知：叛亂更加擴大。到了後期，沒有一州沒有變民，而隋煬帝乾脆滯留江都（今江蘇揚州市），不回洛陽。

北方變民集團相互兼併，主要分為兩大勢力：一個是夏王竇建德，勢力範圍在黃河以北；一個是魏公李密，以瓦崗（今河南滑縣東南）為基地，勢力範圍在黃河以南。李密率先開倉賑濟飢民，一下子號召了數十萬人，聲勢最大。

不屬於變民軍的起義者，首推唐公李淵，也就是後來唐朝的開國皇帝。李淵的祖父李虎跟宇文泰同為西魏「八柱國」之一，北周篡西魏，李虎被追贈「唐公」，顯然他跟宇文泰同黨。後來楊堅篡北周，楊堅的獨孤皇后是李淵的姨媽，當然唐公的爵位依舊，並仍受到重用。簡單說，他們都是「關隴集團」的核心成員——楊堅、李虎都是漢人，可是獨孤皇后、李淵的竇皇后，乃至唐太宗李世民的長孫皇后都是鮮卑人（漢姓），而楊堅、李虎也都有胡姓。

隋煬帝南巡時，李淵是晉陽宮（晉陽在今山西太原市）留守，在兒子李世民、晉陽令劉文靜、晉陽宮副監裴寂等人設計之下起事，進兵攻占長安，立代王楊侑（煬帝孫）為帝，尊煬帝為太上皇，並移檄各郡縣，關中成為唐的根據地，隨後李世民領軍平定巴蜀。

李淵打下長安後，隋煬帝更無心北返，下令修建丹陽宮（丹陽即今江蘇南京市），擺明要徙都丹陽。但是，他的禁衛隊「驍果」大部分是關中人，都想還鄉，於是發生兵變，宇文化及率兵入宮，將隋煬帝在寢宮縊死，立秦王楊浩（煬帝侄兒）為帝，其他宗室、外戚都被殺光。宇文化及自稱大丞相，率十餘萬軍隊北返。

消息傳到長安，傀儡小皇帝楊侑於是「禪位」給李淵，改國號為「唐」。同時，東都留守政府奉越王楊侗（煬帝孫）為帝，實際掌權者是王世充。

簡單描述，當時的北方局面是四強並立：河北的夏王竇建德、關中的唐帝李淵、河南的魏公（瓦崗軍）李密，以及洛陽留守政府（王世充），而衝擊這個平衡狀態的是宇文化及帶領的十餘萬隋朝正規軍。

宇文化及先奪取了李密的地盤黎陽（今河南北部），但不久就被李密部將徐世勣擊敗。敗後率領殘部四處流竄，窮途末路的他，鴆殺傀儡皇帝楊浩，自己稱帝（國號許），但旋即又被唐兵痛擊，最後被竇建德消滅。

另一方面，王世充廢越王楊侗，自立為帝（國號鄭），並擊敗李密，李密投奔李淵。於是北方乃成為夏王竇建德、鄭帝王世充與唐帝李淵三方爭霸的局面（其他一些區域性割據勢力無關大局），直到發生虎牢之戰。

唐國在消滅西、北方的割據勢力之後，大舉東出函谷關進攻洛陽，領軍的是李淵的次子李世民。鄭帝王世充派八個兒子、兄弟分別駐守各處要衝，自己率領主力大軍三萬人鎮守洛陽。

唐軍先鋒羅士信攻打洛陽城西的慈澗，王世充親率大軍馳援，剛好遇上李世民率輕裝騎兵到前線偵察，李世民左衝右突，箭無虛發，才脫身回到大營，渾身塵土，連守軍都認不出來是他。隔天，李世民親領五萬主力軍向慈澗進發，王世充撤回洛陽城，唐軍於是包圍洛陽。李世民派出軍隊，切斷洛陽所有糧食補給線，河南地區州縣紛紛投降唐軍，洛陽遂成為孤島。

王世充派人向夏王竇建德求援，在此之前，由於王世充篡位，竇建德跟他絕交（竇建德雖然自草莽起家，卻仍為隋煬帝舉喪，擊斬宇文化及之後，得到天子印信，也並未稱帝，觀念相當「士大夫」）。竇建德接到王世充的求救，經過一番考慮，認為唐軍若滅了鄭國，夏國必定「脣亡齒寒」，所以答應王世充出兵，同時派出使節前往唐軍大營，請唐軍解除洛陽包圍。李世民將使節團扣留，不回應。

李世民原本以為洛陽指日可下，但是洛陽城卻意外的頑強：鄭軍擁有長射程巨砲，可以發射五十斤巨石，射程二百步；又有可以連續發射八箭的強弩（它的弓像車輪一樣），射程五百步；在王世充的嚴密監控叛逃與靈活調度守城之下，十幾天不能攻克。有將領提出撤退的建議，李世民不准，下令：「不攻下洛陽，永不回軍，膽敢提議班師者，斬！」軍中一片噤聲。

同時，李淵也下密詔要李世民解圍撤軍，李世民上疏，保證一定可以攻克洛陽。於是繼續加強施壓，包括在洛陽城外挖掘壕溝，興築長牆堡壘，切斷城中一切與外界往來。洛陽城裡缺糧食，米、鹽價格飆漲，古董珍寶價格低賤如塵土；人口原本有三萬家，只剩不到三千家，可是城防依然堅固。

最後關頭，夏王竇建德出兵了，水陸兩路並進，用船隻載送糧食，十餘萬大軍號稱三十萬，竇建德本人進駐成皋（今河南滎陽市），致函李世民，要他退回潼關。

夏軍來勢洶洶，唐軍將領建議「避其鋒銳」，認為唐軍久攻洛陽不下，身心俱疲，夏軍乘勝而來（竇建德剛剛收編河北兩股勢力），若受到內外夾擊，情勢不妙；但是另一派將領認為，王世充已經窮途末路，竇建德正好送上門來，只要擊敗竇建德，王世充一定投降，反之若給他休息整補的時間，王世充一旦重振聲威，所有努力都白費了。

李世民最後作出決定：圍點打援。留屈突通當齊王李元吉（李淵四子）的助手，繼續圍城，而自己率驍果（李世民親自訓練、帶領的精銳騎兵，一律黑衣黑甲，作戰不離左右）三千五百騎，進入武牢（即虎牢關，三國演義「三英戰呂布」的地點，唐朝為避李淵祖父李虎之諱而稱武牢，本文以下仍稱「虎牢」）。

【孫子兵法印證】

〈虛實第六〉：凡先處戰地而待敵者佚，後處戰地而趨戰者勞，……故敵佚能勞之，飽能饑之，安能動之。……故能為敵之司命。

李世民充分掌握《孫子兵法》這個原則，搶先進入形勢險要的虎牢關。這裡自古以來就是兵家必爭之地，包括劉邦跟項羽對峙，以及東漢末年諸侯聯軍討伐董卓（小說裡的「三英戰呂布」）。

接下去的發展，李世民處處主動，竇建德被處處擺弄，完全不由自主。

次日立即展開行動。李世民親率五百騎，向東出虎牢關二十餘里，沿途分別留下徐世勣（徐茂公）、程知節（程咬金）、秦叔寶在道路兩邊設埋伏，最後只剩下四個人跟隨，其中一個是尉遲敬德（尉遲恭）。

距離夏軍大營三里許，一行被夏軍斥候發現，李世民高喊：「我是秦王李世民。」同時拉弓射箭，射死一名將領。

夏軍頓時騷動，五、六千名騎兵衝出。李世民跟尉遲敬德徐徐後退，弓箭每發必中，夏軍因此不敢逼得太近，但是也緊咬不放。最後，幾個人將追兵引到伏兵陣地，徐世勣等發動突擊，殺三百餘人。

然後李世民寫信給竇建德：「王世充是個奸詐背信小人，早晚滅亡。他用花言巧語引誘你來此，你掌握龐大軍隊卻看人臉色，實非上策。今天與你的斥候部隊相遇，已經把他們摧毀，希望你做出明智的抉擇。」——李世民先前扣留竇建德的使節，此番當然不是好意勸和，而是要激怒竇建德出戰。

【孫子兵法印證】

〈虛實第六〉：能使敵自至者，利之也；能使敵不得至者，害之也。

李世民親自誘敵，這對夏軍真是最大的「利」：秦王就在眼前，而且隨從只有四個人、四匹馬！

等到夏軍追上來，李世民的神射讓他們不敢爭先（害之），卻又不捨得如此「大利」，於是一步步走進了埋伏。

竇建德對虎牢關發動攻擊，一個多月無法取勝，後勤補給線又不斷被唐軍騷擾、抄掠。他的智囊凌敬提出建議：率領全部兵力，渡黃河北上，奪取河陽，然後穿過太行山進入上黨，占領汾、晉，進攻蒲津（以上簡單說，就是脫離今天的河南戰場，占領山西北部，然後進攻關中），洛陽之圍自然解除。

竇建德認為有理，可是王世充告急的使節相繼不斷，早晚哭泣，甚至賄賂夏軍將領，主張攻破虎牢，解洛陽之圍。（王世充是有腦筋的，他預料到竇建德陣營會有人提出如此戰略，因為那實在是釜底抽薪的上策：竇建德若能攻取關中，李世民的河南唐軍將如失根漂流木，但王世充卻可能城破身亡）最終，竇建德沒有採納迂迴進攻關中的戰略。

唐軍的間諜回報：「竇建德已經接獲諜報，說唐軍的戰馬草料已經吃完，只得將馬匹送到黃河北岸放牧，他將趁此（騎兵無馬）機會進攻。」

於是李世民決定將計就計，親自帶兵北渡黃河偵察，留下一千餘匹戰馬在河岸吃草，做為誘餌，傍晚再自己回到虎牢。

【孫子兵法印證】

〈用間第十三〉：用間有五：有因間，有內間，有反間，有死間，有生間。……死間者，為誑事於外，令吾間知之，而傳於敵間也；生間者，反報也。

將假情報透過我方間諜之口，傳於敵方間諜，令其深信不疑，我方間諜很可能就此失去生命，所以稱為「死間」。

至於「唐軍戰馬草料將盡」這個情報，是如何傳到夏軍，且讓竇建德深信不疑，史書上並無記載，總之效果百分之百。

而唐軍的「生間」能將「竇建德已經吞下誘餌」的情報送回唐營，跟送出假情報同等重要。

隔天，竇建德果然大軍盡出，向虎牢前進，連營二十里，戰鼓聲震天，唐軍將領為之心生畏懼。

李世民登高眺望，說：「敵軍在山東（崤山以東）逞威，沒遇到過強敵，如今正穿越險要，卻大聲喧譁，顯示他們毫無紀律，心存輕敵。我們且按兵不動，他們列陣太久，士卒飢餓，就會向後撤退。那時候，我們發動攻擊，沒有不勝之理。我跟各位打賭，過了中午就一定將他們擊潰。」

夏軍完全不把唐軍放在眼裡，大軍集結列陣後，派人邀戰：「請選精銳勇士數百人，來一場遊戲。」李世民派出二百人長矛軍，雙方互有勝負，各自回軍。然後李世民趁此時間，召回河北放牧的戰馬。

夏軍列陣，從辰時到午時（七時到十三時），士卒飢餓疲倦交加，又相互爭奪飲水，集體情緒不穩，有撤退的跡象。李世民命將領宇文士及率三百輕騎經過夏軍陣地西端，向南狂奔，並交代：「敵軍如果不動，你就馬上回營。如果他們有所反應，就發動攻擊。」

宇文士及的試探動作果然引起夏軍一番騷動。

李世民大喜，說：「是時候了！」率輕騎兵先發，主力在後續進，渡過汜水，直搗夏軍陣營。

夏軍文武官員正在朝會，唐軍突然出現，一個個驚惶奔走。竇建德要下令騎兵出擊，卻被文武官員阻住去路。此時唐軍已經殺進營區，幾員猛將全都殺穿夏軍陣地，再掉頭殺回來。經過幾番反覆衝殺，夏軍崩潰逃竄，唐軍追擊三十里，殺三千餘人，竇建德墜馬被生擒。

【孫子兵法印證】

〈兵勢第五〉：善戰者，其勢險，其節短；勢如彍弩，節如發機。

這一段是說，用勢要險峻，猶如高山上的水沖下來，能讓石塊漂起；而且發動攻擊的距離要短，才能快速得讓敵人無法反應。另一個比喻是：蓄勢如拉開弩機，發動攻擊如扣下扳機。

李世民發現夏軍散漫後，立即發動攻擊，就是「其勢險」；諸將來回衝殺，撕裂夏軍陣勢，就是「其節短」。

夏軍崩潰，洛陽城守將絕望，獻城投降。王世充換穿白衣，率領太子及百官二千餘人到唐軍營門投降。

這一戰，唐國一舉消滅了北方兩大敵人，剩下長江流域幾股割據勢力，後來都沒有再勞動李世民出馬收拾。

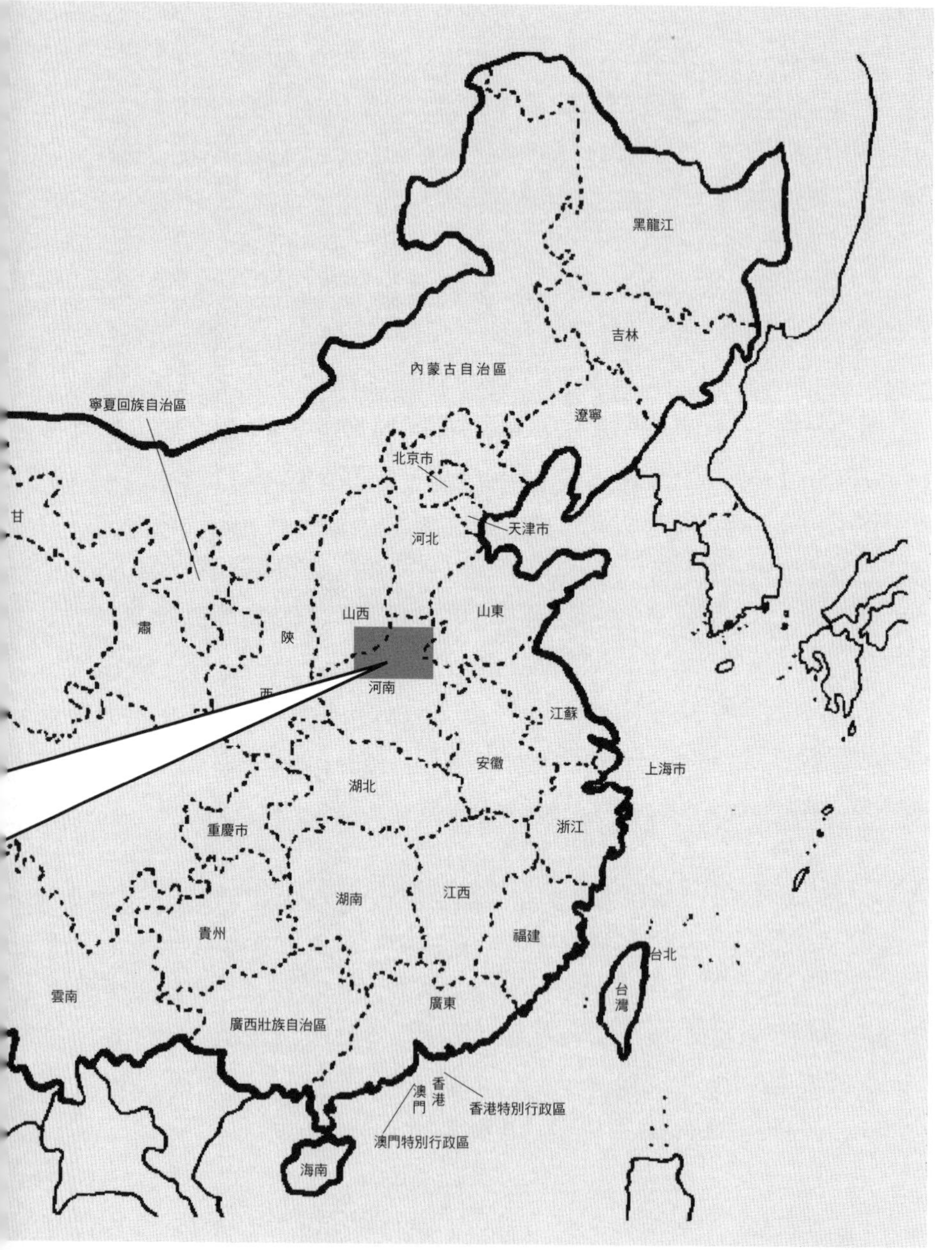
黑龍江
吉林
內蒙古自治區
遼寧
寧夏回族自治區
北京市
天津市
河北
甘
肅
山西
山東
陝
西
河南
江蘇
安徽
上海市
湖北
重慶市
浙江
湖南
江西
貴州
福建
台北
台灣
雲南
廣東
廣西壯族自治區
香港
澳門
香港特別行政區
澳門特別行政區
海南

虎牢之戰示意圖

12、虎牢之戰——圍點打援，以逸待勞

掃描 QR Code
聽公孫策說書

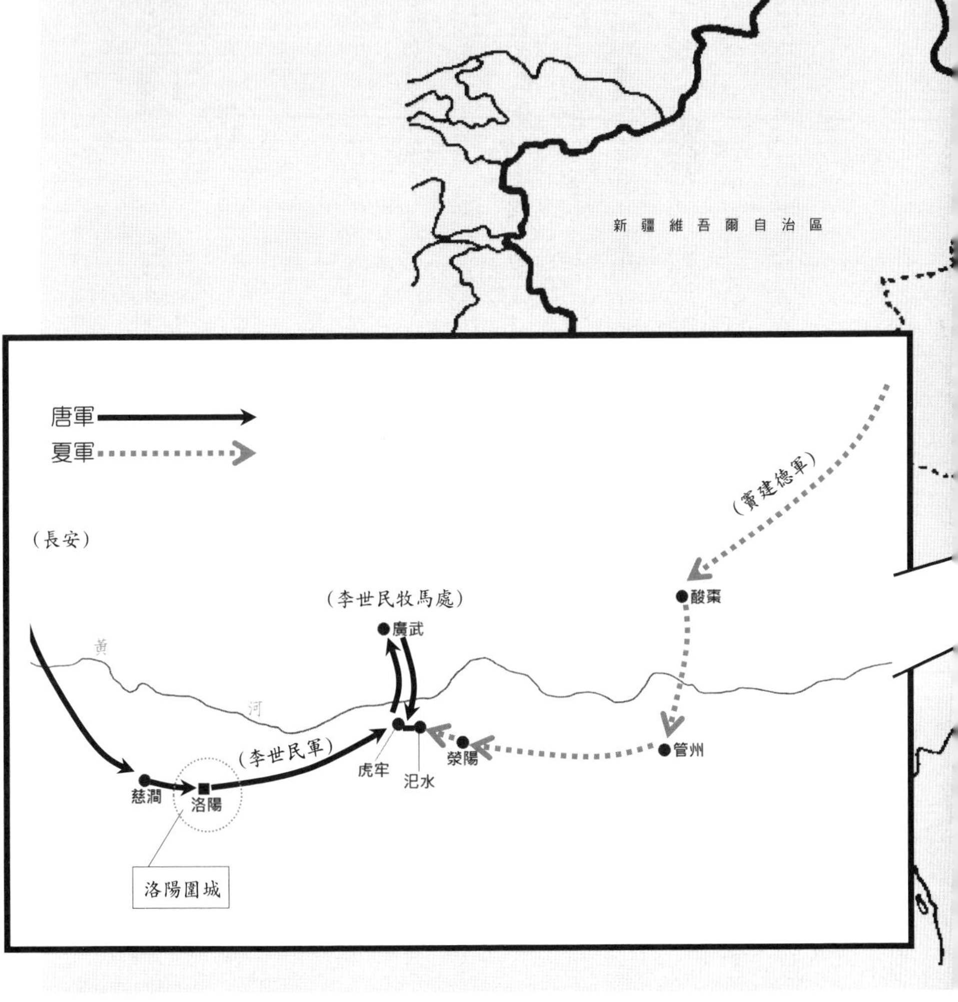

13、李靖——迅雷不及掩耳

論唐代名將，幾乎所有人都首推李靖。

李靖在民間的知名度很高，得力於一部唐人傳奇《虬髯客傳》。在那部小說中，李靖的妻子紅拂女比他更討喜，但那些都是杜撰情節，現實生命中，李靖雖然少年時即露鋒芒，卻是中年以後才開始「走運」。

李靖的祖父和父親都是北朝名將，母親是隋朝名將韓擒虎的姊姊。韓擒虎十分欣賞這個外甥，每次與李靖談兵論道，李靖都能有常人不及的獨到見解，韓擒虎每每稱善，並曾撫著李靖的背歎息說：「能與我一起談論孫吳兵法的，只有這個年輕人了！」

李靖受到家風薰染，少年時就曾說：「大丈夫如果身逢明主，遭遇良時，就應該建立功業，怎能只逡巡於章句之間呢？」這番話頗得班超神韻，而李靖事實上也在十九歲那年投筆從戎。

可是他的運氣卻比班超差很多。在此之前，隋朝已經平定南方的陳國（韓擒虎就是平陳將領之一），進入開皇之治的和平繁榮年代，李靖雖有滿腹韜略，卻英雄無用武之地。

直到隋煬帝搞到變民四起，天下已經大亂，李靖還窩在馬邑郡（今山西朔州市）當個郡丞（郡政府的第三把手）。馬邑是邊塞要地，當時北方邊境的總指揮是李淵。李淵因為跟突厥作戰不利，怕被隋煬帝治罪，因此接受李世民的慫恿，起兵造反。

李靖在李淵還在招兵買馬時，就看出他的企圖，決定向隋煬帝檢舉李淵造反。他把自己偽裝成一個囚徒，準備經關中轉往江都，可是當他到了長安時，關中已經大亂，因道路阻塞而未能成行。

不久，李淵於太原起兵，並迅速攻進了長安，李靖當時幫助長安守將抵抗唐軍，城破後被捕，判決斬首。他在臨刑時，對李淵大聲疾呼：「閣下號稱是正義之師，是要為天下除暴亂而起兵，難道不想完成大事，反以私人恩怨斬殺壯士嗎？」這份膽識讓李淵很欣賞，下令釋放，隨後就被李世民延攬進入自己的幕府。

李世民領軍攻洛陽（虎牢之戰）的同時，盤據長江中游的蕭銑（稱帝，國號梁）卻配合王世充出兵巴蜀，李淵就從李世民部下抽調李靖去幫趙郡王李孝恭（李淵的堂侄）討伐蕭銑。

當時西南蠻族造反，叛軍攻擊夔州（今重慶市境內），李孝恭率唐軍出戰失利；李靖率八百人襲擊叛軍營壘，大破蠻兵，後又在險要處布下伏兵，一戰而殺死叛軍首領，俘獲五千多人。

當捷報傳到京師時，李淵高興地對公卿說：「朕聽說，用有功勞的人，不如用有過失的人，李靖果然立了大功。」即刻頒下璽書，慰勞李靖，並親筆寫敕（皇帝私函稱「敕」）給李靖：「既往不究，以前的事我現在都忘了。」

李靖從這個時候開始「走運」，他評估敵我形勢之後，向李淵提出「平蕭銑十策」，李淵大為欣賞，詔命李孝恭為夔州總管，李靖為行軍總管，並囑咐李孝恭「三軍之任，一以委靖」。

李靖給李孝恭的第一個建議：將巴蜀各部族首領的子弟召來大營，通通委派官職，說是重用，其實是人質，萬一戰事不利，還能徵召各部族出兵。

唐軍完成集結後，分成四路，進攻蕭銑大本營江陵（今湖北江陵縣）。時值秋季，長江三峽水勢險惡，蕭銑研判唐軍不可能從水路來，而陸路必須翻山越嶺，夷陵正扼來路咽喉，所以幾乎不設防。唐軍這邊，諸將也主張等待水勢平緩了再進兵。

李靖說：「兵貴神速，如今大軍已經集結完成，而蕭銑還不知道，如果我們乘著水勢洶湧東下，直接殺進敵方心臟，那將是所謂迅雷不及掩耳。蕭銑倉促之間，難以召集軍隊，必定無法抵抗我軍，這是必勝之道，不應該失去這個機會。」

李孝恭同意李靖的意見，於是發動二千艘船艦從長江三峽順江東下，連續拔掉蕭銑兩處重鎮，直逼夷陵（今湖北宜昌市，三國時陸遜在此擊敗劉備）。鎮守夷陵的是梁帝國勇將文士弘，李孝恭連續擊敗他兩陣，文士弘退回夷陵不出，於是唐軍繞過夷陵，兵臨江陵城下，蕭銑動員江陵城內壯丁抵抗。

李孝恭將發動攻擊，李靖又勸諫：「敵人是烏合之眾，難以持久。我們停留南岸，休養一天，他們的緊張情緒就會鬆懈，守城部隊會分一部分回到營區，兵力一旦分散，士氣就會衰弱，那時候發動進攻，勝算就高了。如果現在急攻，他們一定死戰。」可是前面的勝利來得太容易，李孝恭不接受李靖的勸告，命李靖留守，親自領兵出戰，被梁軍擊敗，軍隊倉皇撤往南岸，輜重都棄置在北岸。梁軍見狀，顧不得追擊，連船上水軍都捨舟登陸，搶奪戰利品，肩扛手提，兵器放置一旁。李靖見機不可失，下令所屬部隊出擊，梁軍無法收攏部隊，被打得落花流水——溺死與戰死者數以萬計。

梁軍全部退守江陵城內，碼頭邊大量船艦被唐軍俘獲。李靖建議李孝恭將梁軍船隻通通斬斷纜繩，放入江中隨波下流。諸將反對，說：「為什麼交回敵人手中？」

李靖說：「我們孤軍深入，如果攻城不克，梁軍從四面八方增援江陵，我們將會腹背受敵。而且長江三峽來得容易，回去很難，萬一陷入進退不得窘境，要這些船隻何用？如今讓它們遮滿江面，順流而下，下游梁軍看見，以為江陵已經淪陷，就不敢輕率前來。斥候來往少說十天半個月，夠我們攻下江陵。」

果然，當初蕭銑向各路兵馬發出勤王詔命，可是軍隊多在長江以南，甚至遠在嶺南。這下子，長江下游的軍隊因此不敢西上，甚至有交州（今越南河內市）來的官員，當場就投降唐軍。

終於，蕭銑盼不到援軍，城內糧草不繼，下令開城投降。數日後，消息傳到附近州縣，十餘萬梁軍解甲投降。

打完勝仗，李淵派李靖負責宣慰原梁國的嶺南地區，李靖降服了九十六州，六十餘萬戶。運用得自梁國的力量，李靖平定了盤據丹陽（今江蘇南京市）的輔公祏，南方幾乎完全納入大唐版圖，而且李靖幾乎完全沒有用到唐國的兵馬。

李淵稱讚李靖：「古代名將韓信、白起、衛青、霍去病，沒有一個能比得上李靖！」確實，韓信當年用漢軍伐魏、用魏軍伐趙，再用趙軍伐齊，這套本領，後來的將領只有李靖可以比擬。

長江以南平服，李靖被調去北方防守東突厥。在之前的群雄逐鹿時期，突厥曾經支持薛舉、劉武周等割據勢力，也曾在李世民攻洛陽時出兵牽制關中。而在李世民即位（唐太宗）第一年，突厥頡利可汗就進兵關中，一路打到長安城近郊，逼得李世民御駕親至渭水橋跟頡利對話，雙方簽下和約。等到天下大定，唐太宗決定徹底解決突厥這個外患，此一重任便落在李靖肩上。

李靖當時的官職是兵部尚書（相當國防部長），自領一軍擔任主攻，另外還有三路軍隊為助攻。李靖率三千騎兵從馬邑（今山西朔州市）出塞，進駐惡陽嶺（在今內蒙呼和浩特市境內），趁夜突襲定襄（呼和浩特市所轄和林格爾縣），迅速攻破。

頡利可汗完全沒料到這種狀況，說：「唐軍如果不是舉國動員，李靖豈敢孤軍深入到此！」急忙將牙帳（中央政府）遷移，隨後聞報唐軍另一路在雲中（今山西大同市）大破突厥軍，乃確信唐軍是舉國而來，於是再往北移。李靖乘勝追擊，一連擊敗頡利可汗數陣，直追到陰山（大部分在今內蒙，是河套平原的天然屏障）。

頡利可汗一直撤退到鐵山（位於大漠之南，陰山之北），部隊仍有數萬人。他派出使節前往長安，向唐太宗表達願意歸附，自己也願意入朝。唐太宗派鴻臚卿（掌管藩族事務）唐儉前往撫慰，同時下詔李靖率軍迎接頡利可汗。

李靖跟另一路遠征軍在白道（今呼和浩特市東北）會師，那路軍隊主帥對李靖說：「頡利的實力仍強，如果被他穿過瀚海，遁走漠北，就永遠追不到了。如今欽差正在他那裡，他們的警戒一定鬆懈，如果以一萬精銳騎兵，攜帶二十天口糧，進行突襲，不用戰鬥就可以將頡利擒獲。」

李靖聽了他這番話，激動得握住他的手，說：「你這是跟韓信攻齊一樣的計謀啊！」（韓信攻齊故事見第五章，而這是李靖又一次效法韓信）

之後李靖派部將蘇定方率騎兵二百人為前鋒，利用大霧掩護，挺進到距離頡利可汗牙帳七里處才被發覺，李靖主力軍隨後趕到，突厥軍潰散。頡利騎一匹千里馬逃走，卻被另一路唐軍（早就埋伏等候）擒獲，俘虜五萬餘人。東突厥就此滅亡，唐太宗因此被草原民族尊稱「天可汗」。

李靖下一個功業是擊滅吐谷渾（谷發音「欲」），深入今青海、新疆沙漠地帶。李靖是四路大軍之一的統帥。勝利回朝，卻被人誣陷謀反，雖然事後查明，誣告者處斬，李靖卻為此閉門居家，減少跟外面的來往。

唐太宗要征討高麗，當時李靖臥病在床，太宗親自去探病，問他對征高麗的意見。李靖說：「我現在是殘年朽骨，但若陛下不嫌棄，我的病馬上就好。」可是唐太宗並沒有讓他隨行。

唐太宗征高麗的戰事不順利，等於敗回長安，再去問李靖：「我動員了天下兵馬，卻被一個小國所困，你分析一下，是何原因？」

李靖說：「這個問題請李道宗回答。」（李道宗是唐太宗的堂兄弟，是唐朝開國名將，也是之前討伐吐谷渾四路大軍的統帥之一）

李道宗述說當時曾經提議由他率五千騎兵奇襲平壤，可是未獲太宗採納。唐太宗說：「啊，這件事我記不得了！」李靖沒有參加遠征，可是他非常了解李道宗的能耐，他猜測是李道宗提出了戰術卻未被採納，果然證實。

當初遠征吐谷渾的另一路統帥是侯君集，唐太宗相當器重他，曾命李靖傳授侯君集兵法。但後來侯君集卻對唐太宗說：「李靖要謀反。陛下命他傳授兵法，他每在精微之處都忽攏過去。」

太宗召李靖來問，李靖說：「是侯君集要造反，如今海內安定，沒有內亂憂慮。我教他的兵法，已經足以安制四夷，他卻要學更多，豈不是想要造反？」之後侯君集果然與太子李承乾一同謀反。

李靖受封為衛國公，世傳《唐太宗李衛公問對》，列入「武經七書」之一。

【孫子兵法印證】

李靖除了是一代名將，他在兵法上最大的貢獻是「陣圖」。他考證並復原了諸葛亮的「八陣圖」，自己創作了六花方陣圖、六花曲陣圖、六花圓陣圖、六花直陣圖、六花銳陣圖、六花七軍車徒騎（戰車、步兵、騎兵）布列陣圖等。簡單說，根據不同的地形與敵我兵力，李靖的六花陣圖都能因地、因時制宜。

〈地形篇〉列舉六種戰術地形，包括通、挂、支、隘、險、遠，並說：凡此六者，地之道也，將之至任，不可不察也。

李靖的年代比起孫子的年代，戰爭的型態與武器、軍種都複雜得多，而李靖能夠符合孫子的「將之至任」要求，對不同的地形布列不同陣圖，是其他將領所不及。

同時，李靖顯然非常仰慕韓信，他在臨刑時高喊而救了自己一命，以及不顧唐儉安危，突襲頡利可汗，都是韓信做過的事情。而他能運用梁國軍隊平服輔公祏，跟韓信運用魏、趙軍隊一般無礙。「韓信將兵，多多益善」，顯然李靖也有這種本事。

在攻打江陵時，他先建議緩進，可是當李孝恭兵敗，而梁國軍隊因爭搶戰利品而出現混亂時，他又即刻下令攻擊，符合《孫子兵法》說的：

〈地形第十〉：戰道必勝，主曰無戰，必戰可也；……進不求名，退不避罪，唯人是保，而利合於主，國之寶也。

14、徐世勣——智勇忠義兼備

前章賣了個關子，李靖遠征東突厥時，提出「不顧欽差安危進行突擊」計策的，就是本章主角徐世勣。

徐世勣比李靖要年輕二十歲，可是嶄露頭角的時間卻比李靖早，在李靖差點被斬首那年，徐世勣已經是瓦崗軍獨當一面的大將。只不過，他的「老闆」遭遇不佳，他幾經轉折才成為唐太宗倚重的大將。最終，他倆都封了公爵，成為「凌煙閣二十四功臣」，並稱「大唐二李」，兩部唐史（《舊唐書》與《新唐書》）都將他倆合為一傳，認為二李比其他將領略勝一籌。

問題來了，徐世勣為什麼會姓李呢？那是他歸順唐國之後，李淵賜他國姓，他就成了李世勣；後來李世民成為唐太宗，為了避皇帝的名諱，改稱李勣。至於《隋唐演義》裡的神機妙算「徐茂公」，是因為徐世勣字「懋功」。

徐世勣幼時家境很富裕，父親樂善好施，他則廣交豪傑。由於認識很多江湖朋友，因此他十七歲就加入翟讓的瓦崗軍，他勸翟讓：「起義軍需要糧餉，可是你我家鄉就在附近，不宜劫掠鄉親。滎陽與梁郡靠近汴水，商旅很多，去那裡劫掠官私財物應該很適合。」翟讓聽他的建議，果然大有收穫，瓦崗軍因而糧餉無缺，同時得到鄉民暗助。

當時投靠翟讓的，還有一位英雄人物李密。李密提出「席捲兩京（長安、洛陽）」的宏大戰略，可是翟讓不敢肖想爭天下，婉謝了李密的建議。李密只好降低戰略層次，遊說翟讓「攻取滎陽，就食洛口倉（國家糧倉），休養士兵，屯糧積穀，等到士壯馬肥之時，再和別人一爭長短」。

翟讓聽從，瓦崗軍於是攻下滎陽郡好幾個縣城。但卻引來了當時隋朝剿匪第一勇將張須陀。翟讓之前跟張須陀對戰，二十餘戰皆墨，一聽說張須陀要來，就想落跑（還引用《孫子兵法》的「避其鋒銳」）。李密說服他：「你只管嚴陣以待，我保證大獲全勝。」

李密將伏兵藏在滎陽以北樹林中的大海寺，然後指示前鋒軍佯敗。張須陀屢敗變民軍，聲威遠播而心存驕傲，當下乘勝縱兵追趕十餘里，被徐世勣等帶領的伏兵包圍。張須陀本人突圍而出，可是看見將士仍陷於重圍，轉身躍馬殺進去，救出一部分人，再殺回去，如此來往三、四次，終於陣亡。從此，黃河以南的隋軍士氣沮喪，毫無戰志。

【孫子兵法印證】

張須陀陣亡，他麾下的官兵悲號哭泣，數日不絕，顯然他深得官兵愛戴。同時，他能夠每戰必勝，想必智勇雙全，但卻一戰陣亡。

〈九變第八〉：將有五危：必死，可殺也；必生，可虜也；忿速，可侮也；廉潔，可辱也；愛民，可煩也。凡此五者，將之過也，用兵之災也。

而張須陀雖然中伏兵敗，但絕對可以不死的，可是他卻犯了「必死可殺」的戒條。

一位將領抱必死之心、廉潔不貪、愛民，怎麼會是負面特質呢？這是《孫子兵法》提醒：將領也是人，每個人都有優點，但是優點往往也就是缺點。

張須陀得官兵愛戴，他捨不得部下陷入包圍，自己不怕死，幾番殺回重圍營救部屬，戰場上刀槍無眼，主將一死，全軍潰敗。

《孫子兵法》這一段是提醒：敵方將領再怎麼強，都一定有弱點，而且弱點很可能就是他的優點。而這段同時也警惕將領，不要太自恃優點，否則難保不敗在自己最有把握的地方。

經此一役，李密建立了自己的軍隊，稱「蒲山公營」。李密想要進取洛陽，翟讓則想回到瓦崗，於是分道揚鑣。

李密西進，連續勸降數城，士眾、餉械都大大增加。翟讓不久就後悔，回軍追隨李密，李密仍然尊翟讓為首領，攻下洛口倉。

此時，徐世勣對李密說：「天下之亂本於飢，我們只要開倉發放糧食，不怕沒有人來投靠。」李密採納，四方人民扶老攜幼前來投靠，不絕於途。

留守東都洛陽的越王楊侗（隋煬帝之孫）派出二萬五千人軍隊討伐瓦崗軍，李密再度以佯敗引誘隋軍追擊，然後發動伏兵將之擊潰。

徐世勣與瓦崗軍將領單雄信發現李密才是能成大事的英雄之主，勸翟讓推李密為義軍盟主，上李密尊號為「魏公」。

之後李密封翟讓為東海公，任命單雄信跟徐世勣二人為大將軍，瓦崗軍成為中原最大力量，趙魏以南、江淮以北的「大盜」（義軍）通通響應李密，李密儼然中原「一哥」。（後來翟讓又後悔，發動兵變失敗，於本章為枝節，不贅述）

當時河南、山東大水，飢民遍地，隋朝政府賑給不周，每天餓死數萬人。徐世勣秉持「天下之亂本於飢」的理念，建議李密攻下黎陽倉（在今河南濬縣境內）。李密聽計，派徐世勣帶五千人自原武（今河南原武縣）渡黃河掩襲黎陽倉，當日攻克，這是徐世勣獨當一面的第一次奇兵勝利。李密開倉招民眾任意領糧，十天之間，就招募到兵士二十多萬人（平民不計）。

可是隋煬帝派來東都的援軍也在此時到達，李密回軍迎戰王世充。王世充先攻下洛口倉，李密又奪回，雙方來來往往多次，基本上是隔著洛水對峙、拉鋸。一度，李密攻下洛陽外圍的金墉城，王世充甚至不敢回洛陽。可是江都政變後，宇文化及帶領軍隊北歸，最先受到衝擊的就是李密。

宇文化及因為軍隊缺少糧食，將輜重留在滑台（今河南滑縣），自己率主力軍隊進攻黎陽倉。徐世勣守黎陽，刻意避開宇文化及的鋒銳，不跟隋朝正規軍野戰，堅守倉城（宇文化及軍隊缺糧，不得不陷入「攻城為下」），就是不出戰，與李密遠遠的用烽火聯絡。

只要宇文化及攻城，李密就攻擊他的背後。宇文化及派軍隊製造各種攻城武器，逼近倉城，徐世勣就在城外挖鑿深溝，讓宇文化及無法靠近，更從深溝中挖掘地道，經常神出鬼沒的從地底下跳出來攻擊宇文化及。終於，宇文化及無法支持，撤軍，瓦崗軍將所有攻城武器燒毀。

至此，徐世勣已經從「唯恐天下不亂」的變民，成為「殺人以救民」的英雄，而他對這一段的氣質變化頗引以自豪，曾說：「我年十二三為無賴賊，逢人則殺；十四五時為難當賊，有所不快者，無不殺之（揣我者死）；十七八為佳賊，上陣乃殺人；年二十便為天下大將，用兵以救人死。」

然而，變化卻來得很快，一度稱雄中原的瓦崗軍，卻在一次戰役中被王世充擊潰。李密如果有劉邦那種「輸不怕」的賴勁，學劉邦「突襲接收韓信兵權」，接收徐世勣在黎陽的軍隊，則未必不能重振雄風。可是李密是個世家子弟（劉邦是草莽性格），敗了那一役，自覺沒面子，就向西投奔李淵。也可能他認為徐世勣不會仍奉他為領袖，但如果他這樣想，他就錯了。因為，往後的發展證明徐世勣「義薄雲天」。

李淵派魏徵去黎陽招撫徐世勣，徐世勣對長史（幕僚長）郭孝恪說：「這裡的土地、軍隊都是魏公所有，我如果自己上疏呈獻，豈不是利用主君的失敗，博取榮華富貴，那是可恥的行為。」於是徐世勣將轄下郡縣、戶籍、人口、軍隊、馬匹詳細列冊，派郭孝恪帶去長安交給李密，由李密呈獻——如此義氣，在歷史上任何一個群雄逐鹿的時代，都沒有第二個例子。

李淵聽說後，深深歎息：「徐世勣不忘恩，不求功，這才是真正忠臣啊！」當下賜徐世勣「國姓」（從此改名為李世勣），原來的地盤仍然交給李世勣鎮守。

後來李密後悔降唐，謀反被殺。李淵派使節對李世勣說明事情經過，並將李密的人頭送去給他過目。李世勣面向北方叩拜號哭，請求安葬李密。李淵再將李密屍身送過去，李世勣換穿喪服，全軍縞素，以臣屬禮儀安葬李密。此舉非但沒有引起李淵懷疑，反而更加信任李世勣。

王世充打敗李密後，自立為帝（國號鄭），與夏王竇建德翻臉，而黎陽地區剛好位在鄭、夏兩國勢力的中間地帶。竇建德向東擴張，越過黎陽城三十里。李世勣派騎兵將領丘孝剛領兵擔任斥候，丘孝剛巡邏中與竇建德（自率先鋒）相遇，發動攻擊。竇建德被這項突襲激怒，大軍調轉回頭，進攻黎陽，攻克，生擒李淵的堂弟淮安王李神通、李淵的妹妹同安公主、魏徵，還有李世勣的父親徐蓋。李世勣率數百騎兵逃出，因父親被擒，只好回去投降，竇建德任命他為將軍，仍然鎮守黎陽，但是把徐蓋帶在身邊當人質。

李世勣一心想要回歸唐國，可是又怕竇建德殺害他父親。郭孝恪建議他：「我們一舉一動都受到監視，最好先建立功勞，取得信任後，才好行動。」於是李世勣用力幫夏國打仗，攻克許多城池，生擒猛將劉黑闥。劉黑闥在王世充手下，卻總是偷笑王世充的作為，加入夏國陣營後屢建奇功，竇建德對他信任且重用。後來竇建德兵敗被殺，劉黑闥統領餘眾，成為繼承人。重點在於，竇建德因此放鬆了對李世勣的監視。

李世勣開始計畫叛變，暗中與變民領袖李商胡結拜兄弟，兩人密商舉事，可是李商胡卻提前發動，然後才派人通知李世勣。由於事發倉促，夏軍很快穩住陣腳，嚴密戒備，李世勣只好跟郭孝恪帶著數十騎投奔關中。

夏軍諸將請求誅殺徐蓋，竇建德說：「李世勣是忠臣，他的老爹有什麼罪？」遂不殺徐蓋。之後，李世勣隨李世民東征建立很多功勞，包括從王世充手中奪取虎牢關，才有後來虎牢關大捷（第十二章），奠定唐朝一統天下。

李世民即位為唐太宗，為了避皇帝的名諱，他又改名為「李勣」。

李靖平蕭銑後，和李勣一同平定長江下游的輔公祏；而在全國統一後，兩人又一同征突厥。李靖採納李勣的建議突襲，李靖則伏兵磧口（今內蒙古二連浩特境內），生擒頡利可汗。

唐太宗臨終將太子李治託付給李勣，說：「閣下往日不辜負李密，以後應當不會辜負朕吧！」

李勣做為託孤輔政大臣期間，對後世影響最大的一件事，就是支持唐高宗李治廢后立后，成就了武則天。後世史家對此不無批評，但那是他對唐太宗的義氣——無條件支持唐高宗。

【孫子兵法印證】

徐世勣勸李密據黎陽倉，然後放糧，充分印證了：

〈作戰第二〉：智將務食於敵，食敵一鍾，當吾二十鍾。……

據有黎陽倉，流民就會來投靠，流民湧至就可以挑選精壯男子當兵，軍隊也沒有吃飯問題。事實證明，那是李密稱霸一時的最成功戰略。

徐世勣最危險的一次，是李商胡提早發動叛變，以致陰謀洩漏。《孫子兵法》對洩漏祕密，提出最嚴重的警告：

〈用間第十三〉：間事未發而先聞者，間與所告者皆死。

15、高梁河之戰——北宋敗在逃得比契丹快

大唐帝國經過貞觀、開元兩朝盛世，因安史之亂盛極而衰，晚期則陷入藩鎮割據局面，最後軍閥朱溫篡唐，進入五代十國的分裂時期。

五代是：後梁、後唐、後晉、後漢、後周。宋太祖趙匡胤陳橋兵變篡後周建立宋朝，終他之世，統一大業接近完成，只剩北漢尚未臣服，以及「兒皇帝」石敬塘（後晉）割讓給契丹（遼國）的燕雲十六州未收復。

趙匡胤駕崩，弟弟趙光義（本名趙匡義，哥哥當了皇帝，為避諱而改名）繼位為太宗，以統一與規復為職志，也就是先要平北漢，次要收復燕雲十六州。

趙光義即位第四年，出兵討伐北漢。北漢一直受契丹庇護，因此遼國派使者來質問宋朝：「什麼理由要攻打北漢？」（注：國名用「宋朝、遼國、北漢」，無尊貶之意，只是以習慣稱呼寫來）

趙光義對使者說：「北漢不服從天命，所以興師問罪。如果北朝（如此語氣意味著與遼國分庭抗禮，不再是自石敬塘以後，後晉、後漢、後周的卑屈立場）不援助它，貴我兩國的和平約定（宋太祖時兩國通好）照舊，否則只好一戰了。」從此宋遼交惡，而宋軍伐北漢時，遼軍來援，被擊退，遂滅北漢。

平北漢之後，趙光義想乘勝取幽薊（今北京市、天津市），諸將卻多持保留態度，認為才經過一次大戰，軍隊疲憊，糧餉尚未補充（打勝仗還沒犒賞），不宜立刻再發動戰爭。

【孫子兵法印證】

〈火攻第十二〉：夫戰勝攻取，而不修其功者凶，命曰費留。

這一段的意思是：每次結束一場戰爭，必須很快施行賞罰。歷代兵家有所謂「賞不逾日，罰不逾時」的原則，就是對有功者最好當天行賞，盡量不要超過一天；對有過失的將士施罰，則要更快，最好是立即行罰。如果有功不賞，有過不罰，叫做「費留」（留滯費耗），是兵家大忌。

然而，趙光義有他的政治思考：當時遼國內部正好「青黃不接」，遼穆宗性情喜怒無常，嗜殺成性，以致被近侍弒殺，但已經把老爹遼太宗耶律德光留下的基業敗壞殆盡。繼位的遼景宗接下一個爛攤子，費了九牛二虎之力整頓，得到岳父蕭思溫很大襄助，恢復了朝廷的威信。

可是景宗卻積勞成疾，蕭思溫過世之後，皇后蕭綽（後來的蕭太后，小說中楊家將的頭號大敵）介入政治，重用耶律休哥、耶律斜軫等將領，重振遼國國勢。而趙光義平北漢之時，正好是遼景宗末年，蕭皇后尚未能掌握全局之時。

趙光義認為時機適合，決定平北漢大軍轉向東征，另派樞密使（相當國防部長）曹彬調發各地屯兵，並下令汴京（今河南開封市）與河北諸軍儲糧運往鎮州（今河北正定縣）前線。宋軍聲勢浩大，初期進展順利，連續有兩座州城投降。大軍到達幽州（今北京市），擊退遼國北院大王耶律奚底，將幽州城團團包圍了三圈，附近的順州、薊州先後投降。

遼國南院大王耶律斜軫當時鎮守得勝口（今河北昌平縣內），見宋軍銳氣正盛，不跟他正面交鋒，豎起青色旗幟，收拾耶律奚底殘部。趙光義以為得勝口只是敗兵收容所，揮軍乘勝追擊，斬首千餘。孰料，耶律斜軫預先埋伏的軍隊突然襲擊宋軍後方，宋軍敗退，與斜軫軍對峙於清沙河（幽州城北二十里）北。

不久，趙光義看出耶律斜軫兵力不足，只是據險而守，於是只留部分兵力跟他對峙，主力全力圍攻幽州。但幽州是遼國的南京，南京守城部隊原本就糧械充足，由於得勝口的勝利，更堅定了守城信心。因此，宋軍陷入了「攻城為下」的麻煩。

【孫子兵法印證】

〈謀攻第三〉：攻城之法為不得已，……將不勝其忿，而蟻附之，殺士三分之一，而城不拔者，此攻之災也。

「蟻附」是形容士卒如螞蟻般爬梯攻城。通常這種進攻方式犧牲最為慘重。

遼國方面，耶律奚底敗回上京（今內蒙赤峰市），前方只能對峙，南京仍受圍攻，情勢一點也不好。蕭皇后先派宰相耶律沙率軍往援，後因耶律休哥自動請纓，蕭皇后乃封耶律休哥為北院大王（取代耶律奚底），再增兵馳援。

耶律沙大軍到達幽州，跟趙光義在高梁河展開戰鬥，耶律沙不支敗退，但宋軍已經圍城太久，體力不繼，從中午到傍晚只追了十餘里。這時候，耶律休哥援軍到達，暗夜中，遼軍騎兵持火炬衝鋒，宋軍不知敵人多寡，不敢接戰，退回高粱河，準備據河防守。

耶律休哥收容耶律沙敗軍，命令他們轉身再戰，與宋軍相持。自己跟耶律斜軫各自率領騎兵，從左右翼挺進，乘夜夾攻宋軍，使宋軍陷入鉗形包圍當中。戰鬥激烈非常，耶律休哥身先士卒，身被三創猶力戰。南京守將耶律學古聞援軍已至，開門列陣，四面鳴鼓，城中居民大呼，響聲震天動地。

宋軍發現情勢不妙，只好退卻以求整頓，可是一退不可收拾，大敗，死者萬餘人。全軍連夜南逃，爭道奔走，潰不成軍。趙光義與諸將走散，諸將也找不到各自的部下軍士。皇帝近臣見形勢危急，慌忙之中找了一輛驢車請趙光義乘坐，一直逃到涿州（今河北涿州市）以南的金台屯，才敢停下「車駕」（驢子拉的）。見諸軍都沒到，派人回頭打探，才知道宋軍仍固守涿州。但不好的消息卻是，涿州城內諸將因不見皇帝，甚至有人提出「擁立武功郡王」之議，趙光義急忙派人宣詔班師回京。

事實上，遼軍也不可能追擊，因為主將耶律休哥在戰鬥中昏死，無法騎馬，左右將他載上輕車，代他發號施令。也就是說，戰鬥發生在暗夜中，戰況慘烈，遼軍雖勝，卻也無法發揮統合戰力。而宋軍夜奔撤退迅速，將戰場留給遼軍，於是遼國解了南京之圍，宋朝從此斷了收復燕雲十六州之念。

【後事一】

主文提及「有人提議擁立武功郡王」，武功郡王是誰？

宋太祖趙匡胤之死，一直傳說一個疑案：燭影斧聲，暗示趙匡胤是被弒。他駕崩後，由太后降詔，兄終弟及，趙光義繼位，是為宋太宗，趙光義封趙匡胤的長子趙德昭為武功郡王。

無論趙光義有沒有弒兄，趙德昭在一天，趙光義就得防著他點。此亦所以高梁河一敗，皇帝下落不明（諸將騎馬，沒想到皇帝會比他們逃得更快），想要擁立新主，頭一個先想趙德昭。

君臣們回到汴京，趙德昭向趙光義提出：「三軍平定北漢，還沒有封賞。」這其實不失為一個好主意，可以掩蓋戰敗的低氣壓。

孰料，趙光義冷冷的回他一句：「要賞，等你當了皇帝，自己賞。」這下嚇壞了趙德昭，居然就自殺了！於是趙光義又背了一個「逼死侄兒」的罵名。

【後事二】

高梁河之戰後，遼景宗崩逝，十二歲的遼聖宗繼位，由蕭太后攝政，國勢日上。耶律休哥與耶律斜軫一再南征，要雪南京被圍之恥。可是宋朝當時軍事力量仍強，尤其代州刺史楊業（小說中楊家將的族長），曾經在雁門關以數百騎大敗遼軍（十萬大軍），之後契丹人看見他的旗號就退避，號稱「楊無敵」。

雖然，高粱河之戰後，宋朝已無力北伐，但遼軍「入寇」多被宋軍擊退。直到五台之戰，宋軍先敗，楊業出擊以誘耶律斜軫來追，可是埋伏谷口的宋軍將領王侁卻擅自離開，導致楊業戰死，從此北方就沒有可以對抗契丹的將領，後來甚至向遼國進歲貢，都肇因於在高粱河「逃太快」。

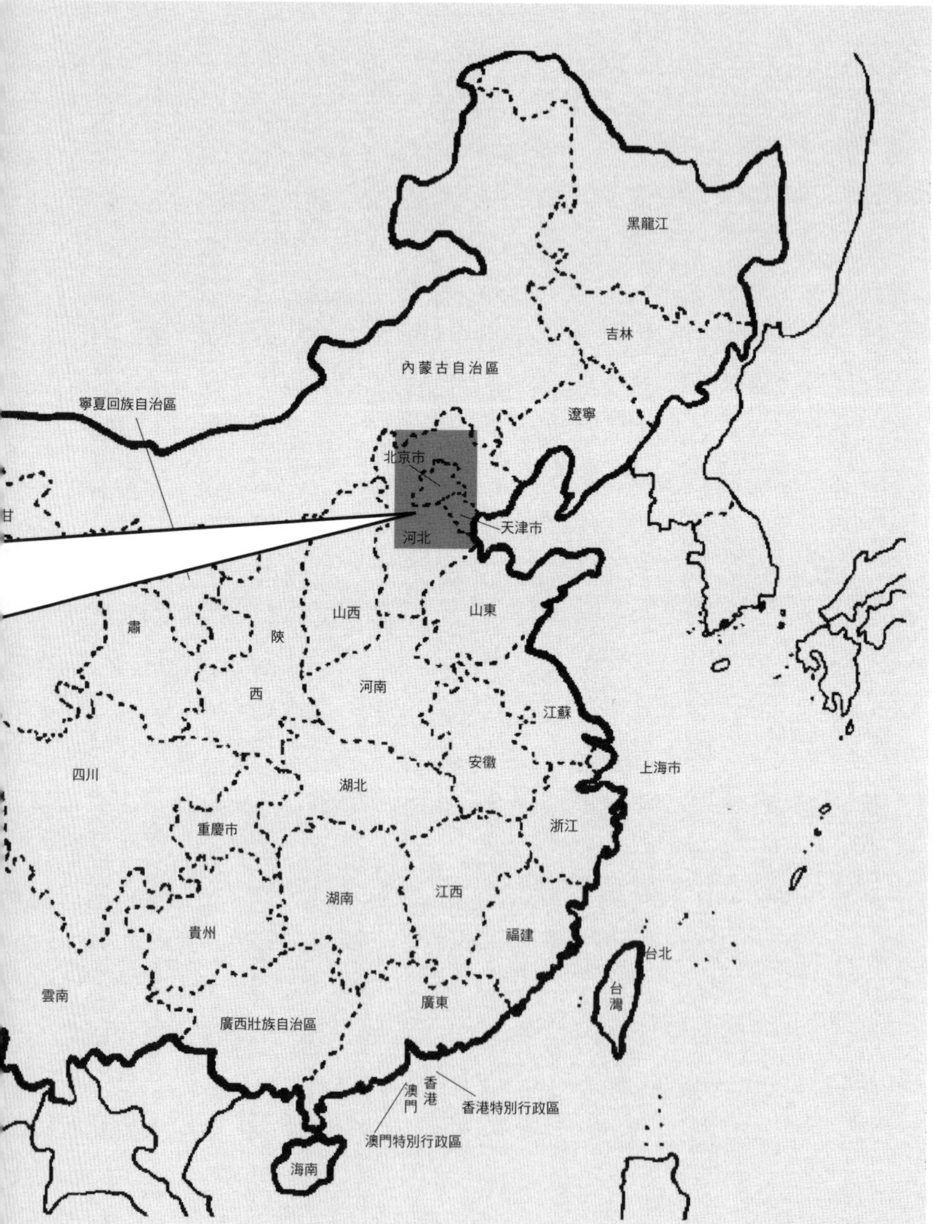
黑龍江
吉林
內蒙古自治區
寧夏回族自治區
遼寧
北京市
甘
河北
天津市
山西
山東
肅
陝
西
河南
江蘇
安徽
上海市
四川
湖北
重慶市
浙江
湖南
江西
貴州
福建
台北
台灣
雲南
廣東
廣西壯族自治區
香港
澳門
香港特別行政區
澳門特別行政區
海南

高梁河之戰示意圖

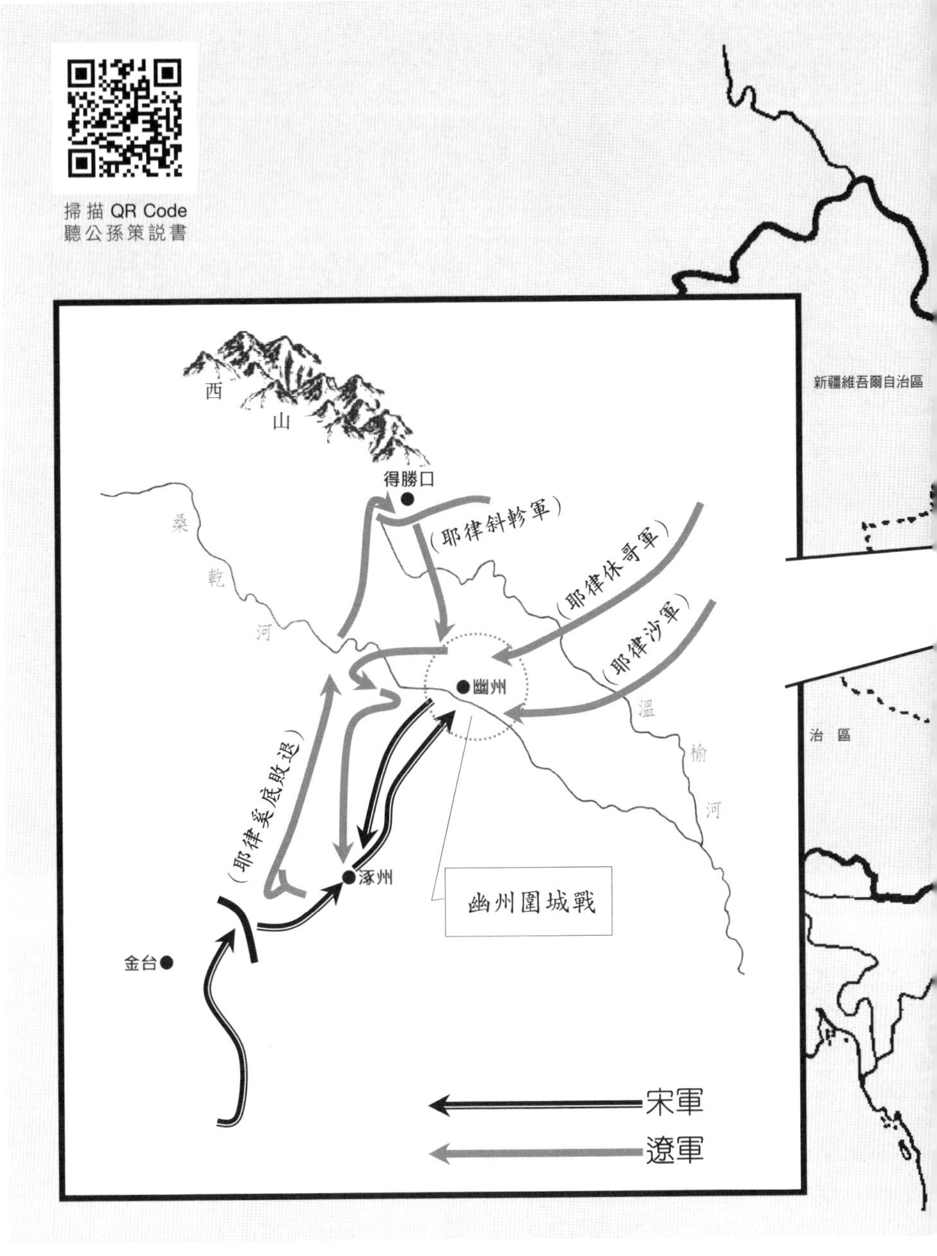
掃描 QR Code
聽公孫策說書
新疆維吾爾自治區
治區
西山
得勝口
桑乾河
（耶律斜軫軍）
（耶律休哥軍）
（耶律沙軍）
幽州
溫榆河
（耶律奚底敗退）
涿州
幽州圍城戰
金台
宋軍
遼軍

16、岳飛——運用之妙，存乎一心

北宋自楊家將之後，對遼國始終採「用錢買和平」的戰略，直到女真人建立的金國滅了契丹人的遼國，仍然對金國採用相同戰略。

可是金人需索無厭，而金錢買不到永久的和平，最終金國還是興兵攻進了汴京。宋徽宗趙佶在大勢已不可為之際，傳位給兒子，宋欽宗趙桓在汴京淪陷之前，下詔弟弟康王趙構為河北兵馬大元帥，命他號召各地兵馬勤王，然後徽欽二帝就被金人擄走了。趙構受命後，開了元帥府、發了徵兵文告，其實無心營救汴京。但是他的徵兵文告卻成就了後來南宋王朝一度出現的中興氣象：因為那次徵得的義軍當中，有一位少年英雄，就是岳飛。

關於岳飛的傳說很多，《說岳全傳》更將岳飛充分神格化，然而真實的岳飛確實生具神力，未滿二十歲就能「挽弓三百斤，開腰弩八石」，天生就是該當兵的料。而岳飛投入河北大元帥（趙構）部下，其實是他第三次投軍。第一次因為父親過世回家守喪而中輟；

第二次是為了家計再度投軍，那一次岳飛當上了軍官（偏校），曾率百騎攻西山之賊，嶄露頭角。他派出一支數十人的特遣隊，偽裝成商旅，故意讓賊人劫掠並納入部伍，然後岳飛的騎兵部隊到達，將主力留在山下設埋伏，自己領數騎直逼山寨叫陣。賊兵出戰，岳飛往山下遁走，賊兵追擊，乃陷入埋伏，岳飛擒獲賊首領以歸。從此在民間義軍中著有聲名，豪傑之士都願意跟他共事，可是義軍卻因情勢緩和（買來的和平）而解散。

第三次投軍，就是岳母在岳飛背上刺字「盡忠報國」那一次，岳飛的長官是劉浩，奉命前往滑州（今河南滑縣）擔任側翼疑兵。一次，岳飛領百餘騎在黃河邊操練，突然出現金兵大部隊，岳飛對部下說：「敵人雖然眾多，可是他們不知道我們的虛實，趁他們還沒站定腳步時，攻之可破。」於是主動出擊。金兵有一員梟將舞刀而前，被岳飛擊斬，金兵心生畏懼，退卻，岳飛率百餘騎追擊，敵兵大敗。

這一戰，令北宋主戰派將領宗澤對他另眼相看。宗澤召見岳飛，對他說：「你確實智勇兼備，跟古代良將相較亦不遜色，可是你太喜歡野戰。野戰的風險很高，不是萬全之計。」然後傳授岳飛「陣圖之學」。

岳飛翻閱一遍，對宗澤說：「這些都是從前人用過的（成功）戰術。所謂『陣而後戰』是兵法的常態，但是臨敵對戰不能拘泥成法，必須隨機應變，運用之妙，存乎一心耳！」

宗澤對這番說法點頭嘉許。

相傳岳飛有一部《武穆兵法》，但並未流傳後世，只留下這一句「運用之妙，存乎一心」。而後世兵法家的研究考據，岳飛打贏金兵基本上就在「一心」二字，但「一心」除了將士上下齊心之外，還有一個「散兵戰術」，也就是軍隊在野戰中可以散開再集攏。

當金兵的騎兵衝來，傳統的步兵列陣若擋不住衝擊力，陣勢就垮了，軍隊潰散，乃至一敗塗地。前章高粱河之戰，以精銳的北宋開國之師，尚且禁不起遼軍騎兵的衝撞，北宋末期的羸弱步兵，怎禁得起新銳的女真騎兵衝擊？可是岳飛發明了中國戰史上最早的散兵戰術，軍隊放出去可以收回來，乃能「避其鋒銳，擊其腹背」，為什麼能這樣？因為岳家軍在開戰前都有充分講解戰術，士卒都曉得散開以後如何重新集結。

可是，岳飛的軍旅生涯卻受到頓挫：他上書千言給宋高宗（此時已經發生「靖康之變」，趙構自踐帝位為高宗），內容得罪了權臣黃潛善，被批「小臣越職，非所宜言」，革除軍職、軍籍。岳飛北歸，往見河北招討使張所。

張所問他：「汝能敵幾何？」

岳飛說：「打仗不能依恃勇力，用兵要先定謀。古時欒枝曳柴以敗荊、莫敖采樵以致絞，都是先謀定的緣故。」（注：岳飛所舉二例都出自《左傳》，欒枝是晉文公的大將，莫

敖是楚國官名，本名屈瑕，兩個例子都是以計謀取勝）

張所大為驚訝，說：「閣下實在不是行伍中人（認為岳飛是大將之才）。」留他在帳下，一路擢升為統制（屬官第二級）。

靖康之變後，高宗南渡，北方抗金的中心人物是開封府留守宗澤，岳飛雖幾經波折，但最後終於歸入宗澤帳下。此時宗澤面對金兵三路南下的壓力，對岳飛倚重甚深，岳飛也迭建奇功，可是南方朝廷無心北伐，宗澤連上二十四次表章陳述「恢復大計」，卻得不到高宗支持，最後抑鬱成疾，疽發背而死。臨終仍不住呼喚：「渡河！渡河！渡河！」

接替宗澤的杜充欲引兵南還，岳飛強諫：「中原土地尺寸不可棄，今天一走，他日想要恢復，非動員數十萬大軍無法完成。」可是杜充不聽，全軍南還。

此時高宗又往南走，留杜充守建康（今南京市）。當金兵渡過長江，岳飛還在力戰，杜充卻投降了，一時諸軍無主，多半潰亂劫掠而走，只有岳飛率所部退到廣德（今安徽廣德縣），繼續抵抗金兵，六戰皆捷。

當時金兵的總司令是四太子完顏兀朮（他有個漢文名字完顏宗弼，但史書與小說都稱他為「金兀朮」，以下隨俗），金兀朮得到建康，又進取臨安（今浙江杭州市，南宋以杭州為首都，改名臨安），宋高宗甚至因此「避禍海上」。幸賴岳飛與韓世忠不斷襲擊金兵的後方補給線，兀朮不敢久停，飽掠江浙後引軍北走，被岳飛跟韓世忠攔腰痛擊，先後在黃天蕩與牛頭山大敗金兵。金兀朮靠著鄉人（漢奸）指點，鑿通水路逃出黃天蕩，南宋收復建康。這是岳飛第一次直接得到朝廷詔令，也是「岳家軍」的第一次輝煌戰果。

過程中，岳飛收納了俘虜的齊軍（金人在華北扶植傀儡皇帝劉豫，國號齊），對他們寬仁溫厚，這些北方軍人稱他「岳爺爺」。自此，岳飛開始他的大將生涯，宋高宗採納岳飛的建議「固守建康，並增加兵力防守淮水」，將南宋的國防線推回到長江以北。

獨當一面的岳家軍，在江北先後平定了游寇李成、張用、曹成和幾個地方叛亂，宋高宗賜御書「精忠岳飛」，岳飛接著上劄子（當時對奏章的稱呼）建議收復襄陽六郡，當時在齊王劉豫的勢力範圍。宋高宗批准出兵，可是不許說「提兵北伐」或「收復汴京」，只以收復六郡為限。

岳家軍由江州（今江西九江市）向鄂州（今湖北武漢市）進發，到達郢州城（在今武昌）下的隔天清晨開始攻擊。第十八天，襄陽六郡全數收復，包括駐守、來援的齊軍和金兵通通潰敗北逃。途中曾有一大塊炮石飛墜在岳飛的大纛（大旗。纛，音同「道」）之前，左右都嚇壞了，岳飛卻面不改色，繼續指揮作戰。這次戰役中有一位少年英雄嶄露頭角，他是岳飛的十六歲兒子岳雲，使兩桿鐵椎，重八十斤，在攻隨州城時，第一個衝上城頭。

宋高宗接到捷報，對胡松年說：「朕素聞岳飛行軍極有紀律，未知能破敵如此。」胡松年說：「惟其有紀律，所以能破賊。」

這又點出了岳飛打勝仗的另一個要素：軍紀。簡單說，《孫子兵法》對將領的五大要求「智信仁勇嚴」，岳飛都具備了：「智」無須多說；信賞必罰，也就是「信」與「嚴」，是維持軍紀的必要條件；軍紀好，不擾民是「仁」；前述炮石墜於前而色不變是「勇」。

接下去，岳飛的目標指向齊帝劉豫。他探知劉豫比較親近金國的西路元帥粘罕（漢名完顏宗翰），而與東路元帥兀朮不和，就一直思考利用敵人這個內部矛盾。一次，軍中捕得一名漢人間諜，隸屬金兀朮麾下，岳飛吩咐將間諜送來給他親自審問。

人剛進帳，岳飛故作錯認，說：「誒，你不是張斌嗎？我命你去齊國，約好誘捕四太子兀朮，你竟敢不回來覆命。我已經再派人前往，也約定在下次進攻江南的行動中，將四太子誘至清河（今江蘇淮安市）。這件事你為何不回報？難道想背叛我嗎？」

那名間諜腦袋裡只想著怎樣可以免死，於是跪地請罪，表示是因病無法覆命，現在願意回去金營戴罪立功。岳飛「原諒」了他，製作蠟書（將信件封在蠟丸中，遇情況危急，將蠟丸丟在草叢中，風聲過去再回頭撿拾，是古代間諜常用的方法）讓間諜帶回去。

這封蠟書到了兀朮手中，立即呈報金熙宗。兀朮獲得熙宗點頭，以南征為名，大軍經過汴京時，逮捕劉豫和他的兒子劉麟，父子都被流放到林潢（今內蒙西林縣）。

金兀朮藉著整肅劉豫，順勢扳倒了他的政敵完顏磐和完顏昌，大權在握，於是撕毀跟南宋的和議，金兵分兩路進攻，兀朮自領一軍，兵臨順昌（今安徽阜陽市）城下，順昌告急。宋高宗原本不同意岳飛出兵，又恐順昌有失，仍然下詔岳飛發兵救援。

之前宋高宗為何不讓岳飛出兵？因為在岳飛收復襄陽六郡之後，南宋跟從前東晉的版圖近似，已經不再是逃難小朝廷，而有南北分治的條件。這時候，金國掌權的完顏宗翰提出和議，宋高宗大喜過望，派秦檜為代表前往議和，雙方簽下了前文所說的和議。岳飛極力反對議和，大大忤逆了高宗，得罪了秦檜，君臣聯手「冷凍」岳飛。

無論如何，金兀朮鬥垮了完顏宗翰，撕毀了和議，宋高宗與秦檜只得讓岳飛再上戰場。金兵南向，鎮守亳州（今安徽亳州市）的劉錡首先告急，高宗詔命岳飛馳援，岳飛抓住這個機會，將岳家軍兵分三路：東援劉錡，西援郭浩（川陝方面），自己帶領主力大軍由襄陽長驅直入指向汴京，東路與中路所戰皆捷，中原大震。

金兀朮大感頭痛，對龍虎大王完顏突合速說：「宋國其他將領都好對付，只有岳家軍勇不可當，我將要引誘他做一次決戰。」其實，那是兀朮故意放話，這個「情報」很快就傳到臨安，「南宋君臣皆大懼」（後方朝廷怕什麼？史書寥寥數語，暗示秦檜為首的主和派很用力的幫金兀朮放空氣），於是高宗降詔，要岳飛「審固自處」。

岳飛看到，告訴諸將：「金人技窮了！」於是每天都向金兵挑戰。

金兀朮召集麾下猛將龍虎大王、蓋天大王等精銳部隊，集結在偃城（今河南漯河市內），跟岳家軍決戰。

那就是著名的「岳飛大破拐子馬」戰役。所謂拐子馬，是以重鎧甲將三匹馬連鎖為一組，在那個冷兵器時代，這種重騎兵的衝擊力就跟現代坦克車一樣。岳飛當然非常熟悉拐子馬，他命令一群特種步兵夾雜在陣中，告誡他們「不要仰視，只管低頭斫馬足」。拐子馬三馬相連共十二隻馬腳，只要砍傷任何一隻，就全組失去平衡而仆倒，連帶造成陣勢大亂。騎兵一旦前後壅塞，就失去機動性和衝擊力，岳家軍的步兵此時一擁而上，斬殺金兵。

這一仗，岳家軍殲滅金兵一萬五千騎。金兀朮大慟，說：「自起兵以來，幾乎都是靠這支騎兵部隊取勝，如今全完了！」

金兵大敗北逃，岳家軍一直追到朱仙鎮（在今開封市西南），再以五百「背嵬騎」（岳家軍的精銳騎兵）大破金兵，黃河南北一時之間義軍蜂起，通通都打著「岳」字旗號，父老牽著牛車載運糧食供應軍隊，民眾在道路兩旁頂盆焚香迎接，金國的號令在淪陷區已經不行。

金兀朮在汴京坐困愁城，下令大軍北歸，將要出城，一個金人書生在馬前叩諫：「太子別走，岳飛馬上就會退兵。」

金兀朮說：「岳飛以五百騎兵擊敗我十萬大軍，漢人心都向著他，我留此何益？」

那書生說：「自古沒有權臣在內，而大將能立功於外者，岳飛很快就不保了。」

金兀朮即刻領悟，下令軍隊停止行動，加強防守汴京。

岳家軍方面，由於河北各地包括義軍和金兵中的漢將很多都來輸誠，岳飛信心十足，對諸將說：「我們直搗黃龍，然後跟大家一同痛飲。」

但是，南宋朝廷的班師詔令已經到來。岳飛急忙上奏，請求繼續北伐，但是這個動作反而更加深宋高宗對岳飛的疑慮，一日之間，連下十二道金牌，召岳飛班師回朝。

岳飛南返，跟著他南徙的民眾「人多如市」，留在北方的則南望號哭。最終，朝廷以「莫須有」罪名將岳飛父子處死。

【孫子兵法印證】

岳飛除去偽政權齊帝劉豫的手段，正合〈謀攻第三〉：「上兵伐謀」，不用大軍征討，借金兀朮之手除去劉豫，更避開了「漢人相殘」的疑慮；同時也為〈始計第一〉：「親而離之」做出新的詮釋：製造「劉豫與南宋勾結」，成為金兀朮鬥爭完顏宗翰的題目。

金兀朮忌諱岳家軍，透過秦檜，迂迴南宋朝廷內部製造輿論，企圖影響岳飛。可是岳飛立即察覺「金人技窮」，印證了〈行軍第九〉：辭卑而益備者，進也；辭彊而進驅者，退也；輕車先出居其側者，陣也；無約而請和者，謀也；奔走而陳兵車者，期也；半進半退者，誘也。

意思是：敵人言詞低調，卻不停準備作戰，那是要進攻；言詞高調且作勢進攻，那是要撤退；輕戰車先出列，等在一旁，那是要布陣；沒有約定而來講和，必有陰謀算計；敵營裡人車奔走忙碌，那是有所等待，可能是敵方將有援軍到來；敵軍半進半退，那是想引誘我。

這段兵法是「相敵」要訣，金兀朮雖無以上動作，但是道理一致：說要埋伏引誘岳家軍決戰，其實是故意放話，心裡頭想的恰恰相反。

17、鄱陽湖之戰——朱元璋「獵殺」陳友諒

南宋沒有亡於女真族的金，卻亡於蒙古人的元。

蒙古人統治中國九十七年，最後一位皇帝元順帝即位不久，「南人」紛紛起義抗元，先從廣東開始，然後四川、河南、江西、福建、湖南……，黃河以南遍地烽火，蒙古騎兵戰力雖強，怎耐疲於奔命。

勢力最大的是白蓮教眾為主的韓山童。韓山童戰死，劉福通擁立韓山童的兒子韓林兒稱帝，號為小明王，定國號宋。

南方其他義軍包括徐壽輝、郭子興、張士誠、明玉珍、方國珍等，跟元軍作戰，也相互攻伐。各路群雄兼併到最後，只剩郭子興的部將朱元璋與徐壽輝的部將陳友諒最大，張士誠與方國珍則割據江蘇、浙江部分地區。因而朱元璋與陳友諒終必一戰，決定南方歸誰的天下。

朱元璋繼承了郭子興的部眾，仍尊奉傀儡小明王，在攻下集慶（今南京市）後，將它改名為應天府。這個名字顯示朱元璋有一統天下的大志，可是他此時只自封為「吳國公」，因為有一個儒生朱升給了他九個字建議：「高築牆，廣積糧，緩稱王。」他接受了。朱元璋最初因為家貧，出家當和尚，卻經常三餐不繼，就去投軍，從一名小兵幹起。他成功的最大因素，就是能夠同時讓英雄豪傑與飽學文士為他效命，而他能夠分辨好主意與餿主意，更是部下對他服氣的重要原因。

在朱元璋攻下應天府之前，文有李善長，武有徐達、常遇春，前文提到的朱升，其實還不算第一等人才，在攻下應天府之後，投效朱元璋的第一流人才，包括劉基（伯溫）與宋濂等。

陳友諒原本是徐壽輝的部將，徐壽輝的勢力範圍最初在長江中游，陳友諒刺殺徐壽輝，接收地盤跟軍隊，開始東向進兵江西，無可避免的跟朱元璋產生衝突。

一次，陳友諒聲言要攻安慶（明朝地名與今日相同者不再註明），明軍（朱元璋當時稱「吳國公」，但為與稱吳王的張士誠區別，稱其為「明」）將領常遇春研判陳友諒會先攻池州，將精銳部隊埋伏在九華山，而以羸弱部隊守城，等到陳友諒軍隊開到城下，城上揚旗擂鼓，伏兵聞聲殺出，絕其歸路。內外夾擊之下，陳友諒軍被斬首萬餘級，被生擒三千人。隔月，陳友諒水軍攻打太平（黃山所在地原名太平府），城破，明軍守將全部殉節。

陳友諒攻下太平後，自稱漢帝，引兵從江州（今江西九江市）東下，直接威脅應天府，同時聯絡張士誠一同進兵，對朱元璋展開夾擊。朱元璋手下群臣有人提議投降，有人建議逃奔鍾山，因為鍾山有「王氣」，只有劉伯溫「張目不語」。

朱元璋私下召劉伯溫來請教。

劉伯溫說：「先斬主張投降和逃奔鍾山者，然後傾府庫之財，以至誠凝聚軍心；戰術上則設下埋伏，攻其不備。成就大業，就在此一舉了。」

於是朱元璋召集軍事會議，擬定戰略後，單獨將康茂才留下，說：「我有一個任務要交給你，可以嗎？」

康茂才說：「惟命是聽。」

朱元璋說：「你跟陳友諒是老朋友，如今陳友諒與張士誠聯手，我希望陳友諒提早到來，非你不可。你馬上寫一封信，派人送去給陳友諒，假裝約好投降，作他的內應，要他盡快來。同時告訴他錯誤的我軍配置虛實，讓他兵分三路，減弱他的兵勢。」

康茂才說：「沒問題。我家裡有一個老僕，以前侍奉過陳友諒，派他送信過去，陳友諒一定不會起疑。」

【孫子兵法印證】

〈兵勢第五〉：三軍之眾，可使必受敵而無敗者，奇正是也；兵之所加，如以碫投卵者，虛實是也。

朱元璋一來總兵力不及陳友諒，二來陳友諒聯合張士誠，兩面作戰是他無法承受的，必須先擊敗一方，再戰另一方。但是他無法主動出擊，所以只能誘使一方提前送上門來，而「誘餌」只對陳友諒有效，於是用了康茂才這一招。

從那一刻開始，陳友諒幾乎完全被朱元璋「帶動」，但是他自己卻認為是居於主動地位。也就是朱元璋做到了〈虛實第六〉：微乎微乎，……神乎神乎，……能為敵之司命。

朱元璋的性格謹慎（甚至到了多疑的程度），又將此事跟宰相李善長商量。

李善長問：「我們正擔憂敵人入寇，為何反而引誘他來？」

朱元璋說：「陳友諒跟張士誠一旦談好合攻謀略，那就太遲了。我們先破西寇（陳友諒），則東寇喪膽矣。」

原來這是朱元璋跟劉伯溫一同研究出來的戰略。前文劉伯溫說的「伏兵攻其不備」，前提是陳友諒在沒有戒備的情況下進入圈套。同時朱軍還不能兩面作戰，因為陳友諒的兵眾強過朱元璋，而且是慣戰之師，所以要設計讓陳友諒提前到，並讓他分兵來攻。

康茂才的密使乘著小船到了陳友諒大營，陳友諒得信大喜，問：「康公現在哪裡？」

密使說：「現在負責守江東橋。」

陳友諒：「那是座什麼橋？」

答：「木橋。」

陳友諒犒賞密使好酒好菜後，吩咐密使回去，約定：「我到的時候，就呼喚『老康』做為通關密語。」

康茂才接到密使回報，向朱元璋報告，朱元璋高興的說：「此賊落入我的圈套了！」然後下令拆除江東木橋，以鐵跟石塊改建。明軍（為敘述方便，以下朱元璋軍皆稱明軍，陳友諒軍稱漢軍）效率極高，一夜之間就改建完成。

此時，有潛伏在漢軍中的間諜來報，「陳友諒探聽新河口路的情況」，朱元璋於是下令在那裡築一座新城（命名「虎口城」，取義敵人入虎口）防守，分派將領進入各個險要據點，自己率大軍在盧龍山建立指揮部，同時布置斥候。山左者持黃旗，山右者持紅旗，敵軍到時舉紅旗；各軍進入戰鬥位置，見黃旗一舉，伏兵全面發動。

終於，陳友諒的艦隊到了，直衝江東橋。一看，傻眼了，居然不是木橋，是一座石橋（漢軍縱橫長江中游，多為巨艦，石橋無法焚燒衝破），驚疑之下，連呼：「老康！老康！」卻完全無人回應，這才醒悟是康茂才詐降，立刻轉向龍江，先派一萬人登岸立柵，這時候漢軍士氣仍然旺盛。

明軍這邊，朱元璋全副武裝在酷暑下督戰，頭上原本撐著大傘（蓋），看見士卒揮汗如雨，下令撤去傘蓋，以示將士同甘共苦，激勵士氣。諸將請求出戰，朱元璋說：「不急，天快下雨了，各軍先吃飯，吃飽了，等下雨時出擊。」

當時晴空無雲，軍隊正半信半疑間，忽然西北風吹起，不多久大雨如注。朱元璋下令舉起紅旗，前鋒軍衝出，拔起漢軍立的柵，兩軍在大雨中戰鬥。一會兒雨停了，朱元璋下令擊鼓，山左黃旗高舉，徐達、常遇春等伏兵盡出，水軍也由港內殺出（明軍多為小型戰船，能穿越江東橋孔）。

遭遇內外夾擊，漢軍潰敗，爭相逃回艦上，卻剛好遇到退潮，巨艦擱淺在江邊，被殺死和溺死者不計其數，生擒戰士七千餘人，損失巨艦百餘艘。

陳友諒乘舸（非戰艦的大船）遁走，朱元璋在他的旗艦中搜到康茂才那封詐降信，嗤笑：「這傢伙真是愚蠢至極。」

漢軍敗退，明軍追擊，在采石（今安徽馬鞍山市）又血戰了一場。明軍損失大將張德勝，但收復了太平；漢軍則一路退回江州。陳友諒大敗，使得原先徐壽輝的舊部開始勇於表達對陳友諒的不滿，很多將領帶槍投靠朱元璋。

朱元璋心裡明白，若放任陳友諒回到武昌，一旦他整補完成，肯定會再度「入寇」，所以加速動員，溯江西上。這次有了龍驤巨艦（俘獲漢軍得來），浩浩蕩蕩，大軍開到江州，陳友諒才發覺，以為「神兵自天而降」，倉促間無法集結軍隊應戰，帶著老婆孩子夜奔武昌。一時之間，江西境內漢軍將領紛紛向朱元璋投誠，朱元璋於是據有江西。

隔年，陳友諒完成整補，建造超級巨艦（高數丈，上下三層，各層之間有馬匹通道，船艙中可容納數十艘櫓槳小船，船身都用鐵皮包覆）。有了如此無敵巨艦，陳友諒自認為必勝，於是傾巢而出，號稱六十萬大軍，進攻洪都（今江西南昌市）。漢軍全力猛攻，明軍死戰守城，圍城兩個月，將領負傷、戰死很多。

朱元璋的侄兒朱文正派人到應天府告急，當時朱元璋正在安豐（今江蘇東台市）跟張士誠的吳軍作戰，當下留徐達指揮戰場，自己回到應天府，問過洪都戰況後，交代來人：

「回去跟文正說，再堅守一個月，我一定將陳友諒擊敗。」

隨後朱元璋將徐達從東戰場調回應天，動員明軍所有精銳部隊，水陸軍共二十萬人，在進入鄱陽湖之前，就在鄱陽湖進入長江的孔道設下三處伏兵，然後大軍進入鄱陽湖。這時，陳友諒已經圍攻洪都八十五天，聽說朱元璋大軍到來，就解了洪都之圍，進入鄱陽湖迎戰，一場中國歷史上規模最大的水戰於是展開。

漢軍以巨艦連結布陣，展開數十里，「旌旗樓櫓，望之如山」，氣勢奪人。朱元璋看見敵方布陣如此，對諸將說：「對方巨艦首尾相連，不利進退，我想出對付它的辦法了。」他將己方艦艇分為二十隊，每隊配置各種火器（當時的火器名稱有：火砲、火銃、火箭、火蒺藜、火槍等）與弓弩，並對諸將下達指示：「靠近敵艦時，先發火器，其次弓弩；船艦接觸後，以短兵器攻殺。」

【孫子兵法印證】

〈火攻第十二〉：凡火攻，必因五火之變而應之。火發於內，則早應之於外。……火可發於外，無待於內，以時發之。火發上風，無攻下風。……

朱元璋的時期已經比孫武晚了一千八百多年，火器進步了很多，可是火攻的原則仍然不變。他既然說已經想好了戰術，想必也算準了雙方接戰的風向與起風時辰。

大將徐達身先衝鋒，擊敗漢軍前鋒部隊，殺一千五百人，擄獲巨艦一艘而還，明軍士氣大振。大戰隨即展開，明軍奮勇爭先，漢軍陷於被動，但是明軍的傷亡也不小，雙方戰到日暮，各自鳴金收兵。

第二天再戰，明軍船小，仰攻不利，決定擴大採用火攻。熬到黃昏時分，湖面吹起東北風，常遇春徵調民間漁船，船上載荻葦、火藥，先派出七艘，船邊紮草人，披上甲冑、持戟，其實船上只有幾名不怕死的敢死隊，後面跟幾艘輕快小舟接應。靠近漢軍艦陣，順風縱火，風急火烈，燃著漢軍巨艦數百艘，一時烈焰滿天，湖水盡赤，漢軍死傷過半，明軍追擊，又殺二千餘人。

兩軍進入夜戰，朱元璋的旗艦舟檣（桅杆）是白色，相當明顯，陳友諒發現，但時間已晚，下令隔天集中兵力進攻。可是朱元璋卻在晚上得到這個情報，下令所有船艦連夜將舟檣塗成白色。隔天再戰，漢軍看見所有船艦都是白色舟檣，內心大駭。

漢軍損失慘重，但人數、船艦數仍具優勢，陳友諒下令堅持「斬首計畫」，朱元璋則一再換船指揮。最驚險的一次，朱元璋剛換船，原來那艘座艦就遭砲彈炸碎。陳友諒喜形於色，一會兒看見朱元璋出現在另一艘戰艦，乃大為沮喪。雙方鏖戰到中午，漢軍終於撐不住，潰敗，拋棄的旗鼓器仗滿布湖面，陳友諒只能收拾殘部，轉為防守。

兩軍相持三天，漢軍屢戰屢敗，兩員大將見大勢已去，向朱元璋投降，漢軍內部軍心動搖。陳友諒又氣又惱，下令把抓到的俘虜全部殺掉洩憤；朱元璋卻反其道而行，將俘虜全部送還，並悼死醫傷，因而大得人心。漢軍分崩離析，士氣更加低落，經過一個多月的對峙，加以軍糧殆盡，計窮力竭，陳友諒決定孤注一擲，冒死突圍。

漢軍大舉突圍，企圖進入長江，退回武昌，遭到朱元璋之前預設的伏兵邀擊，亂戰中，消息傳來，陳友諒在船上中流矢，「貫睛及顱」（從眼窩貫入頭顱），於是漢軍紛紛來降，陳友諒的「太子」陳善兒也被擒。

在武昌的漢國將領擁立陳友諒的兒子陳理，隔年朱元璋再興兵討伐，終於投降。經過鄱陽湖之戰，陳友諒既死，南方其他割據勢力已經不是朱元璋的敵手。接下來三年，陸續討平張士誠、明玉珍，朱元璋才稱帝，並派出遠征軍北伐，將蒙古政權逐出中國。

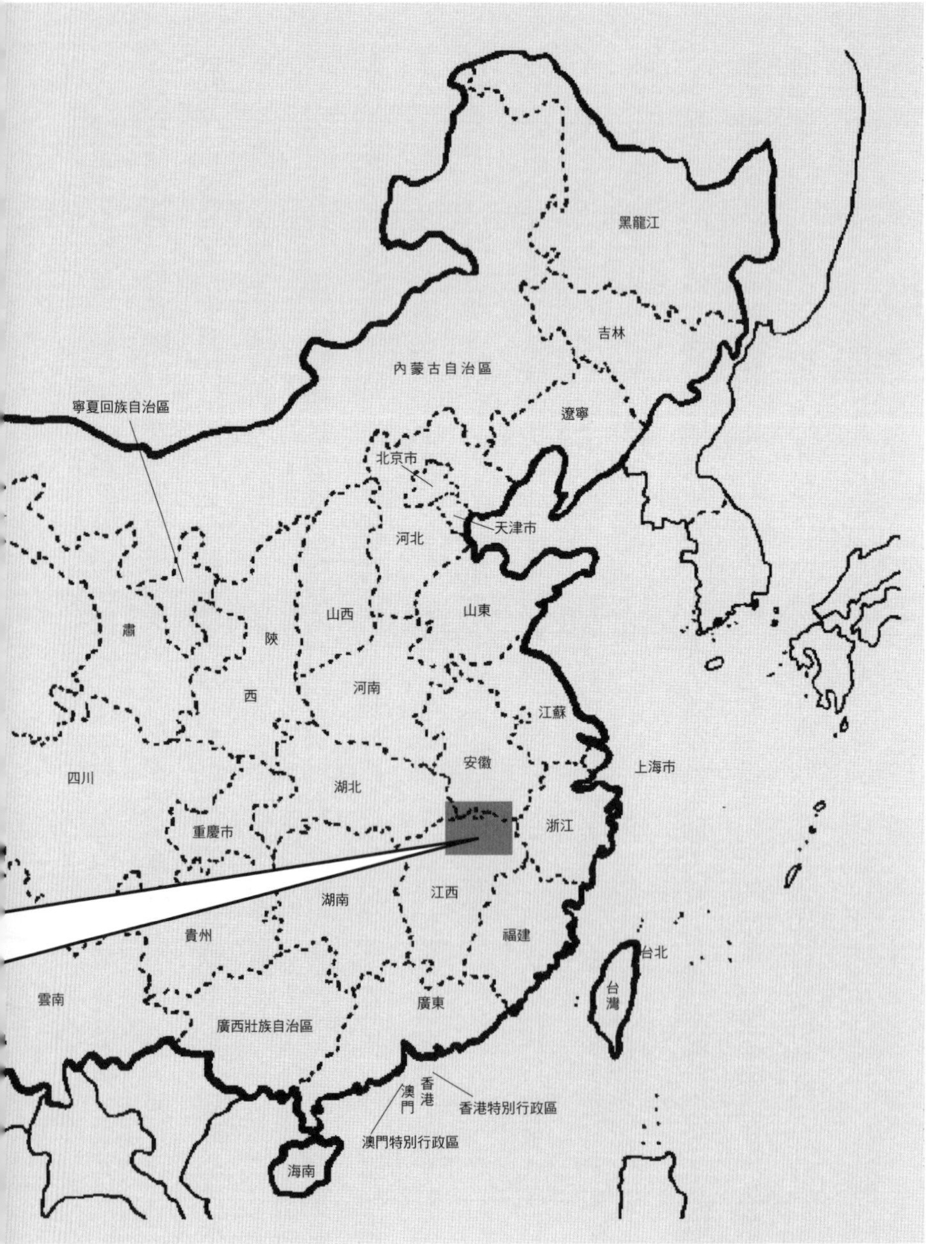
黑龍江
吉林
內蒙古自治區
遼寧
寧夏回族自治區
北京市
天津市
河北
山西
山東
肅
陝
西
河南
江蘇
安徽
上海市
四川
湖北
重慶市
浙江
湖南
江西
貴州
福建
台北
台灣
雲南
廣東
廣西壯族自治區
澳門
香港
香港特別行政區
澳門特別行政區
海南

鄱陽湖之戰示意圖

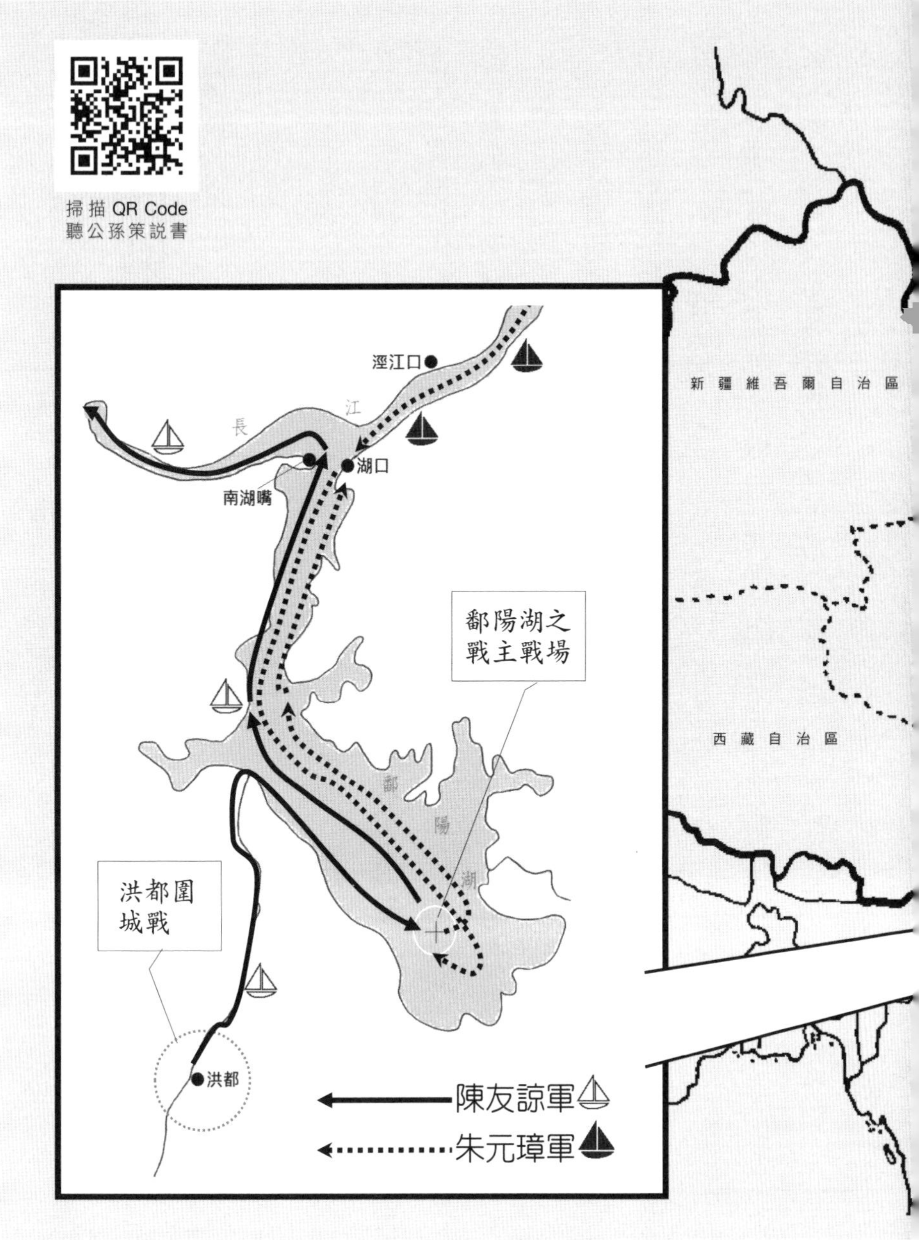
掃描 QR Code
聽公孫策說書
涇江口
長江
湖口
南湖嘴
鄱陽湖之
戰主戰場
鄱陽湖
洪都圍
城戰
洪都
陳友諒軍
朱元璋軍
新疆維吾爾自治區
西藏自治區

18、戚繼光——近代中國的練兵宗師

朱元璋平定陳友諒、張士誠後才稱帝，仍然定都應天，國號明。

大約同時期，日本也正逢巨大變局：南北朝。後醍醐天皇滅鎌倉幕府後，進行王政復古，軍閥足利氏起兵趕走後醍醐天皇，建立足利（室町）幕府，後醍醐天皇逃到九州建立流亡政權，開始南北朝時代。三十年後，第三代將軍足利義滿開始討伐九州的戰爭，與朱元璋平定張士誠同一年。

由於足利幕府兵力優勢，南朝又逢國喪，長慶天皇即位初期，承受不住北朝壓力，因此九州軍隊為避敵而往海外發展，就形成了中國的倭寇之亂。當時明朝尚未北伐，倭寇侵犯沿海，都被官軍擊退、捕獲。朱元璋為了集中兵力北伐，派使者「持詔諭日本國王良懷，令革心歸化」。當時打交道的，其實是南朝的當權者懷良親王，懷良也派出使者（僧人祖來）回報，並送還被倭寇掠奪的沿海中國平民，但是倭寇騷擾近海卻始終不絕。

朱元璋再派人致書「日本王」，威脅要出兵攻打日本，但懷良的回信文采華麗卻措辭強硬，朱元璋以元朝征日的失敗為前車之鑑，隱忍下來。後來宰相胡惟庸謀反，聽說有「倭人」參與，明朝就切斷與日本的往來，同時禁止沿海人民私自出海。

明成祖朱棣時，即使鄭和下西洋，海軍實力鼎盛，也未能完全阻止倭寇騷擾沿海。但由於足利幕府完成南北統一，日本國內政情安定，海上浪人減少，因此中國的沿海倭寇在明成祖之後的八個皇帝都只是癬疥之疾，直到一百年後的嘉靖（明世宗朱厚熜）年間，才出現「日本諸道爭貢，大掠寧波沿海諸郡邑」的記載。（所謂「諸道」應該是指戰國群雄，但如果是「爭貢」，當不可能「大掠」，顯然是粉飾太平的文字）

狀況當然還是起於日本，這一百年間是足利幕府穩定統治，可是一旦足利幕府式微，進入戰國時代（織田信長、豐臣秀吉、德川家康……），九州的浪人就有很多往海上發展，並且成為中國沿海的大患。

當時沿海的禁令未解除，海上有「番船」來，意味著「走私舶來品」，舶來品通常意味著暴利，於是開始有漁村裡的浮浪之人跟倭寇勾結，漸漸的，倭寇盤據一些無人居住的小島為基地，然後有失志的儒生乃至做過官吏的人加入，擔任倭寇的嚮導以及智囊。而那些「通倭分子」的宗族田產、老婆孩子竟然都沒事，於是很多沿海漁村甚至整村都是倭寇同路人，還有譖稱王號者。如此情況，才是沿海倭患難以根除的主因。

明朝政府用盡各種方法，海禁開了復禁，禁了復開，朝廷威信破產，倭寇則變本加厲。其中最厲害的幾股，其實是中國人做為魁首，包括汪直、徐海、毛海鋒等，日本浪人反而當他們的先鋒，接戰時經常「赤體，提三尺刀舞而前，無能捍者」。等到北京（明成祖遷都北京）朝廷發現情況嚴重，必須派正規軍進剿時，倭患已經在沿海生了根，而且耳目眾多，官軍來則走，官軍走復來，萬一被逮到弱點，往往遭偷襲而全軍覆沒。能對付這種來去機動的賊寇的將領，只剩一個俞大猷，卻無法照顧整個浙江沿海。

在這種窘況下，出現了一位軍事天才，就是戚繼光。

戚繼光的父親是明朝高級將領，曾經在北京掌理神機營（衛戍京城的特種部隊，擁有新式火器的精銳之師），他繼承父親的武職，先派去山東防倭，然後調浙江，那時已經是參將職等（正三品，約當今天中將）。

戚繼光初到浙江時，官軍因久不訓練而戰鬥力甚低，於是他請求招募三千人，教授搏擊陣法，長短兵器配合使用，那是針對倭人長刀（武士刀）比中國傳統單刀堅且利的戰術需求。又鑑於江南多為水鄉湖區，不利於長距離馳戰，於是根據地形研製陣法，為了布陣的方便，一切戰船、火器、兵械都重新選擇或調換。這是「戚家軍」能夠屢敗倭寇、名揚天下的重要原因之一：兵勝，包括兵器、士卒與陣法。

另一個原因是：戚繼光為將有勇有謀。一次，倭寇大肆劫掠桃渚、圻頭（都在今浙江台州市周邊），戚繼光跟著倭寇後面跑，他扼守倭寇退路，連續進行三次伏擊，將餘寇逼進江中溺死。那一次戚家軍九戰九勝，戚繼光本人手刃倭寇勇士（日本劍客）多人，浙東倭患一時平息，戚繼光加俸祿三級，被調赴江西救援，征討從福建、廣東流竄過去的倭寇。

次年，倭寇大舉進犯福建，包括福建本地和從廣東北上的倭寇，還有在溫州難以生存的餘寇，在距離寧德城十里處的橫嶼安下大營，該島嶼四面皆為水路險隘，官軍不敢貿然攻擊，相持一年有餘。新近到來的倭寇則屯聚在牛田，倭寇頭目駐在興化，互為犄角，彼此呼應，而官兵防備地方多了，力量也就跟著分散。

戚繼光首先進攻橫嶼，擔任先鋒的士卒每人持一捆草，填平壕溝前進，大破敵營，殺死倭寇二千六百多人。乘勝追至福清，擊敗牛田倭寇，並搗毀其營地，倭寇餘眾逃到興化。戚繼光急速追趕，半夜時分抵達倭寇屯聚之地，連續攻破六十營，殺倭一千多人。黎明入城，興化人才知道「戚家軍」來了，酒肉慰勞不斷。

戚繼光回師抵達福清時，正遇倭寇從東營澳登陸，擊斃倭寇二百人。其他將領同時也屢次擊破倭寇，福建倭寇幾乎肅清，於是戚繼光「刻石紀事」而還。

「倭寇」是一個統稱，在中國沿海此伏彼起，事實上無所謂「剿滅」，只能做到「平靜」。由於戚家軍讓倭寇聞風喪膽，一時間沿海平靜，同時期的平倭名將俞大猷、譚綸等個個升官，後來都被調去北方負責薊州（今北京、天津一帶）防務。戚繼光被任命為神機營副將（首都衛戍副司令），徵召浙江兵（戚家軍）三千人入京。

浙江兵三千人開到，列陣於郊外，適逢大雨，自早晨至午後，筆直站立不動。北方兵大為驚異，從此知道軍令的嚴肅。而這正是戚家軍戰績彪炳的又一個原因：紀律嚴明。

戚繼光由於練兵有方，不只是一代名將，而是明清以來的練兵宗師。他練兵是從選兵開始，只收農民而不收「城市浮浪之徒」：凡屬面皮白皙、眼神精靈、舉止輕佻的人，一律擯棄。因為這種人都來自城市，容易見利忘義，更是害群之馬，一旦交鋒，不但自己會臨陣脫逃，還會唆使周圍伙伴一起逃跑，萬一被抓回去，則舌粲蓮花嫁禍給伙伴。

選出這樣的純樸農夫，優點是刻苦耐勞，但是戰術就不能太複雜（岳飛的散兵戰術就不容易做到）。戚繼光為此設計出一套「鴛鴦陣」：一個戰鬥班十二人，隊長一名、伙夫一名、戰士十名。十名戰士的配備：最前二人手持藤牌，之後二人手執「狼筅」（連枝帶葉的長毛竹，長一丈三尺），後面四人執長槍為作戰主力，長槍手之後二人攜帶「钂鈀」（鐵製農具，用以放置「火箭」，其實是爆仗）。

這種戰鬥群用來對付倭寇還頗見效。倭寇常以日本浪人持武士刀在前衝鋒，聲勢凌人，此時最前面的藤牌兵單膝跪地，藤牌立地穩住陣腳，如果倭人往兩側繞奔，後方兩卒立即以狼筅將他們掃倒，讓身後四名長槍兵可以簡單刺殺敵人，兩名持爆仗钂鈀的士兵，使用的武器特殊，有嚇阻敵人效果，負責掩護本班後方及側翼。

易言之，鴛鴦陣是一個有機戰鬥體，需要每一成員密切配合，也就是必須經過操練、再操練，才能培養出互信與默契。另一個優點是，只要是戚家軍，如果在亂戰中打散了隊形，任何一名隊長都可以就近組織一個新的鴛鴦陣，發揮同樣的戰力。而鴛鴦陣最不需要的就是英雄，這對「自將領以下，能識魯魚者十無一二（十之八九不識字）」的農民兵來說，再適合不過了。

然而，鴛鴦陣用來對付海寇剛好，以之對付俺答（蒙古）騎兵就不宜。戚繼光後來擔任薊州總兵十五年，除了一本戚家軍的嚴格紀律外，他也發展出適合北方地形的戰術編組與武器，其中最核心的成分是「偏箱車」：以民間常用的騾馬大車為基礎，配備八片可折疊的屏風，平時放在車轅上，作戰時打開豎立在兩側，幾十輛這種戰車可以並排銜接，構成環狀或方形的陣地，基本上是以守為攻的概念。（想像好萊塢西部片的篷車隊與印地安人作戰景況）

戚繼光的偏箱車每車配備「佛郎機」（葡萄牙人傳入的一種輕砲）兩門，加上傳統的火槍、鳥銃，共十名士兵附屬於戰車，再加上十名「殺手」，也就是前述鴛鴦陣的藤牌、狼筅、钂鈀、長槍（或單刀）兵，二十人一個戰鬥群，同樣戰術簡單、隨時可以重新編組。

華北平原不同於江南水鄉，一個軍團包括騎兵三千人、步兵四千人、重戰車一百二十八輛、輕戰車二百一十六輛，在遭遇敵軍時，騎兵先上前頂住，讓戰車有時間構成戰鬥隊形，然後騎兵退入戰車陣地內，來犯敵軍進入射程（佛郎機射程約二百五十尺），各種砲、銃才依次開火。一個個戰車陣地在平原上構成一整片交叉火網，蒙古騎兵傷亡慘重，不幾年，明朝就跟俺答簽下合約。北方只剩遼東還有零星衝突（女真人尚未崛起），有名將李成梁坐鎮，不勞戚繼光。

此時，戚繼光向當朝宰相張居正提出：派北兵修築長城。由於張居正的財政改革大成功，國庫充裕，於是將明初徐達修築的北京一帶「邊牆」，改以「甕城」（空心敵台）形式，花了十年時間完成薊州境內的長城。今天最受觀光客青睞的八達嶺，就是戚繼光當時修築的。完成後，張居正給戚繼光的信上寫：「賊不得入，即為上功。薊門無事，則足下之事已畢。」不久，張居正去世，戚繼光被調為廣東總兵，品秩不變，但遠離帝都。一年後，張居正被身後清算，戚繼光和李成梁都被參劾，最後李成梁沒事，戚繼光遭革職，理由居然是：張居正和戚繼光沒有造反的證據，卻有造反的能力！

然而，戚繼光的這種能力，也就是他平倭寇、敗俺答的能力，也是他將不識字農民、散漫薊州兵訓練成百戰勁旅的能力。

無論如何，一代名將的結局，是在貧病交迫中鬱鬱以終。留下來的是兩本兵書：《紀效新書》是兵法與陣圖，《練兵實紀》是訓練手冊，詳細到士兵腰牌格式、營官訓話範本，乃至於臨陣前兩天，斥候必須每隔一個時辰（二小時）報告敵情一次等。

戚繼光的選兵、練兵方法，到清朝曾國藩練湘軍時又發揚光大。曾國藩在八旗衰老、綠營腐敗，太平天國所向披靡的情況下，徵召湖南的農夫投軍保衛家鄉，完全依照戚繼光的兩本兵書選兵、練兵、用兵，而成為清朝中興名將。一直到民國時期，都還流傳「無湘不成軍」的名言，都是因為戚繼光那一套將農夫練成勁旅的兵法。

【孫子兵法印證】

戚繼光以練兵著稱，並不表示他沒有智謀。以他大破橫嶼倭寇那一役為例，倭寇完全沒有防備，因為自恃地形難攻，也就是〈行軍第九〉：敵近而靜者，恃其險也。

可是戚繼光想出了破解之道（每個士兵隨身帶一捆草，填豁而進），因此能「出其不意，攻其無備」，印證了〈九變第八〉：將通於九變之利者，知用兵矣。「通」就是不拘泥，如果拘泥於橫嶼是「圮地」（水澤之地）而不進攻，就是庸將了。

事實上，戚繼光在南方剿倭寇創「鴛鴦陣」，在北方抗俺答創「偏箱車」，正足以證明他做到了：

〈地形第十〉：故知兵者，動而不困，舉而不窮。故曰：知彼知己，勝乃不殆；知天知地，勝乃可全。

意思是：真正懂得用兵的將領，作戰目標絕對明確（不迷惑），一旦行動起來，絕不會陷入窘迫。所以說，能夠知彼知己，戰勝的同時，士卒不會有危險；能夠懂得天時地利，戰勝而軍隊仍得保全。

持草束攻橫嶼，軍隊不陷於海灘泥淖；鴛鴦陣迎戰倭寇，士兵輕鬆殺敵；偏箱車正好剋制俺答騎兵，都是明證。

19、薩爾滸之戰——大明從此不敢望關外

後世稱明朝「中葉」其實差一點就是「末葉」，接連好幾個昏庸皇帝，加上宦官（如劉瑾）、權臣（如嚴嵩），幾乎搞垮了大明王朝。全靠張居正財政改革成功，以及譚綸、俞大猷、戚繼光、李成梁等名將撐持國防，號稱中興。可是張居正死後被清算，牽連戚繼光被黜，譚綸、俞大猷去世，就靠一個李成梁坐鎮遼東。等到李成梁去世，東北的女真族隨即崛起。

女真族的領袖是努爾哈赤，他陸續吞併女真各部族後，稱「汗」，再征服漠南蒙古諸部，稱帝，國號金，史稱「後金」。努爾哈赤眼光遠大，他建立了「八旗」制度（政經軍一體），更主導創制滿文，使得後金加速脫離草原民族體制，進入文明帝國之列。

明朝視努爾哈赤稱帝為叛逆，但決策不定，朝廷還在商議要不要出兵征剿，努爾哈赤已經出兵，分兩路：左翼四旗進攻東州、馬根單（均在今遼寧撫順市），自率右翼四旗進

攻撫順，兩路都順利取勝，撫順第二天就被攻下。

撫順失陷，遼東地區的明軍聞訊前往救援，與努爾哈赤正面交戰。雙方激戰之時，突然風沙大作，明軍迎風而戰，陷入不利局面，最後被後金軍全殲，包括總兵張承胤以及副將、參將、游擊等多名將領皆陣亡。如此結果，在明朝方面是舉朝震驚，在後金方面則是膽氣陡壯。起初努爾哈赤還告誡八旗諸將，「自居於不可勝，以待敵之可勝」，可是兩天攻下撫順，七天全殲明軍，虜獲人畜三十萬，勝利來得太容易，於是乘勝進攻清河（今遼寧本溪縣北）。

清河城四面環山，地勢險峻，戰略位置重要，有大路可直通遼陽、瀋陽，為遼瀋之屏障，明軍有一萬人駐守。努爾哈赤先令裝滿貂皮、人參之車在前，引誘明軍來搶，後金軍埋伏在車後突然殺出（〈兵勢第五〉：善動敵者，形之，敵必從之；予之，敵必取之。以利動之，以卒待之。），明軍大敗回城，靠城上火砲頂住後金軍攻勢。

於是努爾哈赤命士兵頂著木板在城下挖洞，後金軍遂從缺口突入城內。明軍援軍到達時，城已陷落，只得轉回瀋陽。努爾哈赤這下囂張了，他將俘獲來的一名漢人割去雙耳，令其轉告明廷：「若以我為非理，可約定戰期出邊。或十日，或半月，攻城決戰。若以我為合理，可納金帛，以圖息事。」

明朝雖然還不清楚八旗軍有多厲害，可是從前的藩屬居然口出悖逆之言，認為這是奇恥大辱，決定出動大軍「速行清剿，一勞永逸」。派出的總經略是楊鎬，起用李成梁的兒子李如柏為前將軍，另徵調已經回鄉的將領杜松、劉綎。但這個陣容明眼人一看就知道敗定了！

楊鎬年輕時就有「未見敵奔潰」的紀錄，此時「益老且懦」；李如柏的哥哥李如松一度接替老爸的遼東總兵職位，驍勇善戰，但不幸戰死，朝廷想的是借用李成梁的威名，但李如柏遠不如老爸、老哥；杜松當時是「勒令回鄉」狀態，心理不平衡；劉綎雖然善戰，卻已「告老返鄉」數年。

簡單說，明廷根本沒把後金放在眼裡。正由於明朝心存輕敵，同時國庫拮据，明神宗又不肯動用內帑（皇家金庫），於是開徵「遼餉」（引起更多民怨，造成後來流寇的主因），內帑只「補助」十萬兩（白銀）。

經過十個月的準備，從全國各地調兵，大軍終於出發了。楊鎬為總經略，兵分四路：西路軍為主力，由杜松率領王宣、趙夢麟等，兵力三萬餘人；南路軍以李如柏為主將，率賀世賢等，兵力二萬餘人；北路軍以馬林為主將，率麻岩等，兵力二萬餘人；東路軍以劉綎為主將，率一萬餘人，會同朝鮮兵為佯攻。總兵力十餘萬，號稱四十七萬，浩浩蕩蕩殺向後金都城赫圖阿拉（今遼寧撫順市郊），約期合圍。

努爾哈赤當然不能讓明軍完成合圍，也不能四面作戰，於是定下「憑爾幾路來，我只一路去」方針，也就是集中兵力，期以快速運動將明軍各個擊破。他以五百人虛張聲勢牽制南路李如柏軍，右翼二旗赴吉林崖扼守險要，自己率五旗兵馬前往薩爾滸山阻截明軍主力：西路軍杜松。

杜松也知道，擋在赫圖阿拉之前的唯一險要就是薩爾滸山，因此星夜燃炬趕路，一日內冒雪急行百餘里，直抵渾河岸。努爾哈赤派出小部隊襲擾，杜松不畏嚴寒，竟赤裸上身率前鋒渡渾河。杜松如此奮不顧身，是因為他得到情報，後金兵約一萬五千人正於鐵背山上的界凡城修築防禦。

【孫子兵法印證】

〈虛實第六〉：凡先處戰地而待戰者佚，後處戰地而趨戰者勞。

杜松不是不懂《孫子兵法》這個道理，只因為薩爾滸山為必爭之地，而鐵背山上的界凡城則是薩爾滸山最險要之處。如果後金在界凡城的防禦工事完成，他將陷於仰攻不利的處境。

問題在於，當杜松發現已經遲了，卻仍然硬攻，卻忘記了〈地形第十〉：隘形者，……若敵先居之，盈而勿從……。

界凡城是赫圖阿拉的咽喉要塞，過了界凡之後，便是一馬平川（地勢平坦），無險可守。杜松的策略是，留二萬軍隊駐守薩爾滸，自己率一萬軍隊進攻界凡城北的吉林崖。但是他不知道，努爾哈赤已經派四子皇太極（後來的清太宗）領二旗兵馬駐守吉林崖。杜松軍輕裝渡河，火砲輜重都沒帶，等到全軍強攻吉林崖，才發現敵軍防守嚴密，兵力也不少，但是已經來不及改變戰術。

努爾哈赤的後金軍主力到達薩爾滸，時間已是申時（下午三點到五點），接近黃昏。努爾哈赤決定不援救吉林崖，而進攻薩爾滸的明軍，料想只要破了薩爾滸明軍大營，吉林崖明軍必定動搖。

後金五旗三萬七千騎兵的絕對優勢兵力攻向薩爾滸明軍大營，負責守營的王宣、趙夢麟奮勇抵抗，怎耐寡不敵眾，王、趙兩人戰死，明軍潰敗。於是，攻打吉林崖的杜松被前後夾擊，戰鬥在杜松與幾位將領先後陣亡後結束，明軍西路軍全軍覆沒。

這時候，明軍北路軍方才趕到。

北路軍主帥馬林早先聽說杜松兼程趕路，認為杜松想要全攬功勞，下令北路軍加速行軍，可是被後金預先在行軍路線上設置的障礙（挖深壍、壘木石）所阻擋，輜重難行，遲滯兩天，到達薩爾滸時，西路軍已經全軍覆沒。（〈虛實第六〉：能使敵自至者，利之也；能使敵不得至者，害之也。）

馬林即刻決定易攻為守，將全軍分為三部：馬林自率主力在尚間崖安營；監軍潘宗顏則在飛芬山紮寨；加上杜松參將龔念遂勉強收拾殘部，在斡渾鄂漠湖邊整頓當中的人馬，三部互為犄角，抵抗後金軍。諸將苦勸不要分散兵力，未被馬林採納。

努爾哈赤研判龔念遂部是最脆弱的一環，集中兵力（三倍於馬林全軍）攻打龔念遂，龔軍本來就是敗戰的驚弓之鳥，很快就被打開一個缺口，龔念遂戰死，部隊再度潰散。努爾哈赤毫不稍歇，隨即圍攻馬林所在的尚間崖大營，兩軍才一接觸，馬林膽小畏戰，先行遁逃，副將麻岩戰死，大營失守。

於是後金軍包圍飛芬山潘宗顏部。飛芬山大營環列火器、防守堅固，後金軍傷亡很大，但畢竟寡不敵眾，無法抵擋後金軍不斷進攻，潘宗顏陣亡。至此，北路軍除主將馬林率數千騎逃回開原外，全軍覆沒。

東路軍劉綎的任務是佯攻，所以提前出發，孤軍深入，因此完全不知道西路軍與北路軍已經敗沒。

劉綎所領這支軍隊，大半是徵召南方各鎮、衛的士兵組成，對遼東的酷寒氣候極不適應，始終進展緩慢。起初攻勢順利，連克數寨；中間停下來等後繼軍糧，再進軍四十餘里，擊敗後金軍五百人小部隊；再等待雪停渡河，渡河後與後金軍激戰獲勝，推進至距離赫圖阿拉約七十里的阿布達里岡。

努爾哈赤已經從薩爾滸山回到赫圖阿拉，他派出歸順後金的漢人士兵，偽稱是杜松部下，誘騙劉綎深入。

劉綎聽信間諜之言，急著想要「與杜松分功」，下令輕軍疾進。阿布達里岡地形重巒疊嶂，山間多羊腸鳥道，劉綎甚至下令軍隊「單列魚貫而進」。

此時，後金軍已經完成布置：努爾哈赤自領二萬大軍防備明軍南路李如柏部，命三個兒子（代善、莽古爾泰、皇太極）在阿布達里岡布下天羅地網。當劉綎率軍到達時，先是遭皇太極由山頂往下攻打，側翼再受代善突擊，明軍敗退瓦爾喀什山，然後又被假扮杜松軍的後金軍打了個猝不及防，全軍大亂，往曠野敗逃，陷入後金軍包圍，劉綎戰死，全軍覆沒。

【孫子兵法印證】

〈行軍第九〉：凡地有絕澗、天井、天牢、天羅、天陷、天隙，必亟去之，勿近也。

「絕澗」指兩山之間的河流之地；「天井」指四面高山而水流匯集之地；「天牢」指三面高山易入難出之地；「天羅」指草木茂密難以施展之地；「天陷」指地勢低陷車騎不通之地；「天隙」指兩山之間的狹道。

劉綎不但一頭往裡栽，更不派斥候四出搜索，自己戰死活該，卻害死了數萬軍隊。

出師最晚的是南路軍李如柏，李如柏受父親李成梁、哥哥李如松的威名庇蔭，雖不能說是浪得虛名，但實際上沒有打贏過什麼大戰。晚年再獲徵召，內心貪生怕死，毫無戰意，又因為擔任後發預備軍，於是進軍緩慢。

及至接到戰報，西路、北路軍相繼覆沒，李如柏大驚失色，副將賀世賢力促火速進軍，援救東路軍劉綎，李如柏全然不採納。等到總經略楊鎬聞訊，下令李如柏回師，李如柏接令後，即刻下令全軍班師，這支未曾交戰的軍隊，回軍途中竟然還大肆擄掠，因而走走停停，被後金軍追擊，奔走相踐，死者千餘人。

經此一戰，後金當然不再對大明臣服，明朝在關外則從此只能採取守勢。往後的遼瀋之戰、寧錦之戰都可視為薩爾滸之戰「推倒第一塊骨牌」的後續效應，清興明亡只是時間問題了。

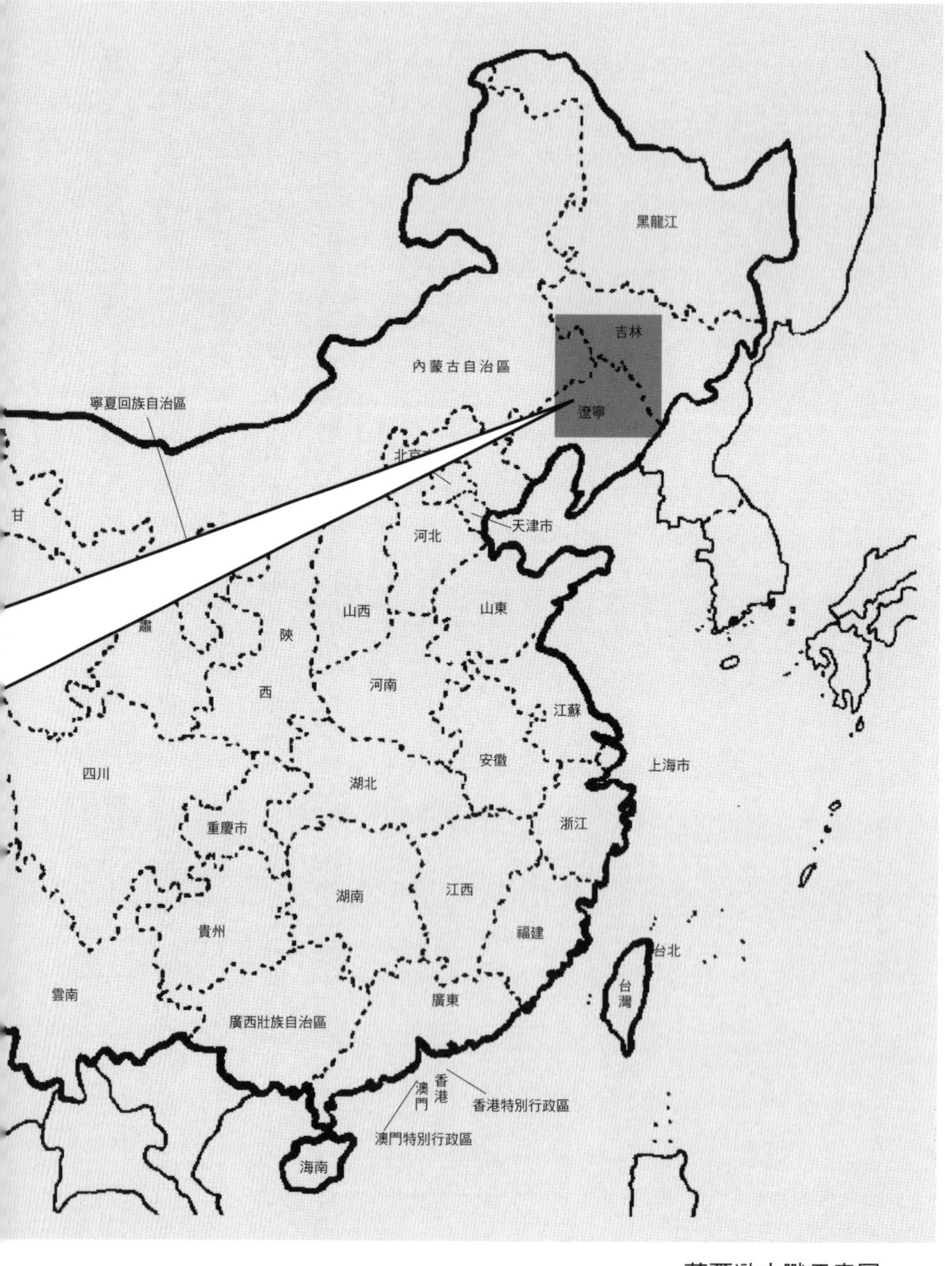
黑龍江
吉林
內蒙古自治區
遼寧
寧夏回族自治區
北京
天津市
河北
甘
肅
山西
山東
陝
西
河南
江蘇
安徽
上海市
四川
湖北
浙江
重慶市
湖南
江西
福建
貴州
台北
台灣
雲南
廣東
廣西壯族自治區
香港
澳門
香港特別行政區
澳門特別行政區
海南

薩爾滸之戰示意圖

掃描 QR Code
聽公孫策說書

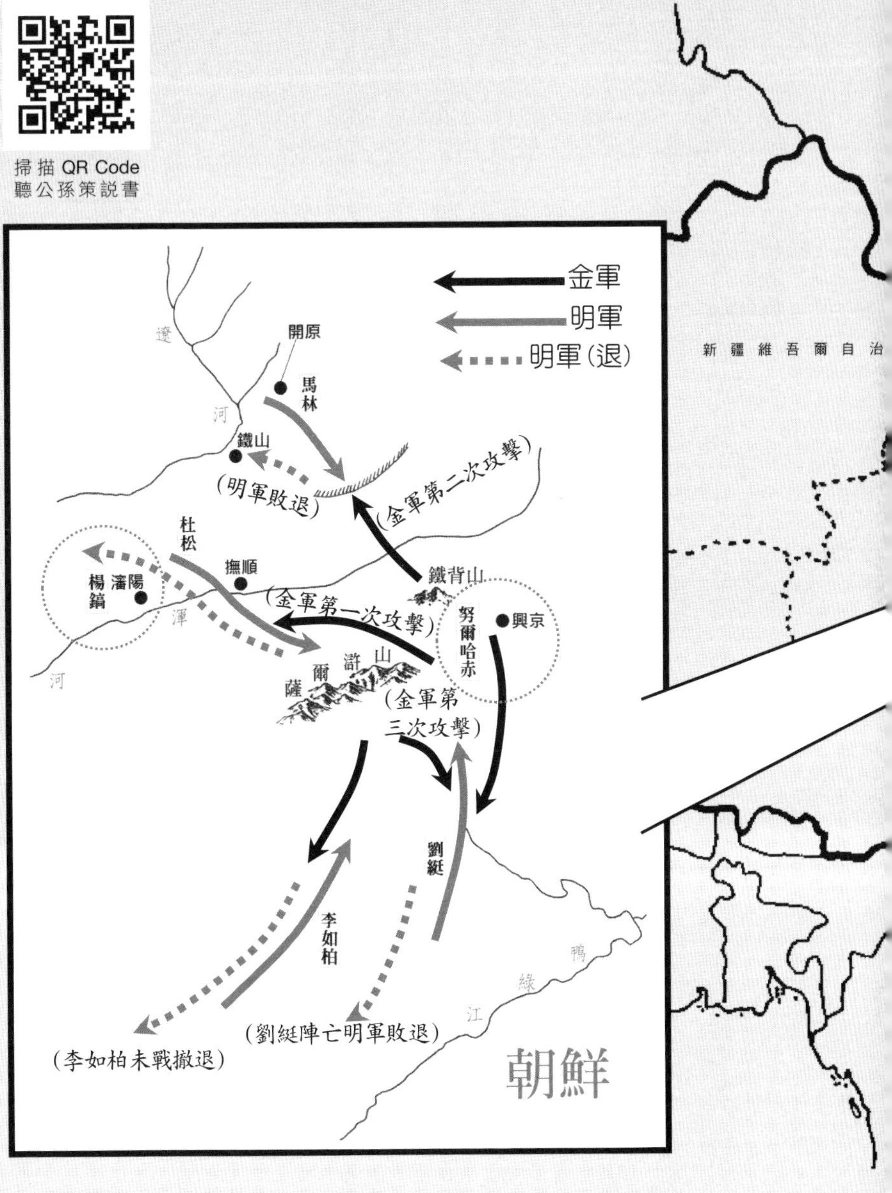

20、左宗棠——政治軍事財政算計高手

左宗棠是「湘軍三大帥」之一（另兩位是曾國藩、胡林翼），他同時也是晚清政治、財政名臣，而這三項長才，都在平定「回亂」中發揮無遺。本章省略他對太平天國與捻匪的戰功，專注於平定回亂及與俄國人隔空鬥智的過程。

先略述中國西北回族的歷史：班超威震西域時的疏勒（詳見第七章），後來被龜茲征服，在突厥稱霸大草原時，又臣服於突厥（今地名喀什，即源自突厥語Khasa，意思是「玉」）。唐朝安史之亂後，西域都護府撤回，疏勒成為吐蕃（西藏）與大食（阿拉伯帝國，正統哈里發）爭奪的對象。十世紀時，伊斯蘭教成為喀喇汗王朝的國教，並征服于闐（佛教），結束近百年的宗教戰爭，喀什地區完全伊斯蘭化。之後，喀什陸續臣服于察合台汗國、帖木兒帝國、準噶爾汗國，最後併入大清帝國，滿清派駐「總理回疆事務參贊大臣」，管理回部軍政要務。

太平天國與西方列強對大清帝國內憂外患交相逼迫的同時期（十九世紀中葉），新疆的回族、維吾爾族相繼變亂，回部大臣向鄰近的浩罕汗國（烏茲別克）求援，浩罕的援軍指揮官阿古柏趁勢占據整個新疆回部，自稱埃米爾（源自阿拉伯語，意思是「最高領導人」），從浩罕汗國獨立出來，建立畢杜勒特汗國，並得到俄羅斯和英國的承認。

事實上，英、俄兩個帝國當時正在歐亞大陸進行勢力範圍的爭奪，從黑海、裏海、中亞，一直到了新疆。英國率先給予阿古柏承認，並且從它在亞洲最主要的殖民地印度派出技術人員，幫助阿古柏在喀什建立軍工廠，希望藉阿古柏的力量，將俄國的勢力擴張阻擋在天山以北。

俄國反應也很快，立即跟阿古柏簽訂條約，並邀請阿古柏訪問聖彼得堡，安排他去見奧斯曼（鄂圖曼）帝國的蘇丹，讓畢杜勒特汗國在伊斯蘭世界獲得了合法地位。英國一看不對，馬上加大了對阿古柏的援助，維多利亞女王親筆致信阿古柏，雙方簽訂「英阿條約」，並互派大使。

大清帝國當時是「同治中興」時期，但實質上則是兩宮太后跟小舅子恭親王奕訢「同治」。太平天國與捻亂才告平定，海上又生事：日本以琉球船民被害為藉口，發兵台灣，勒索白銀五十萬兩。於是在恭親王奕訢主導之下，將「練兵、簡器、造船、籌餉」列為當務之急。左宗棠當時是閩浙總督兼船政大臣，在福州馬尾創設中國第一個現代化造船廠（由繼任者沈葆楨完成）。但由於陝甘發生回亂，出身湘軍將領的楊岳斌無力解決變亂，清廷派左宗棠為陝甘總督，責成平息回亂。

左宗棠擬定戰略：「進兵陝西，必先清關外（函谷關以外）之賊；進兵甘肅，必先清陝西之賊；駐兵蘭州，必先清各路之賊」，於是先肅清陝西以外的捻匪殘部，擊敗並降服陝北的漢人武力董福祥，為湘軍增加了二萬兵力；然後追擊敗退的陝西回軍，進入甘肅。由於回部領袖馬化龍叛而復降、降而復叛，湘軍一度受到重挫，退回陝西，清廷加派李鴻章「協辦陝甘軍務」，肅清了陝西回亂。李鴻章很快因天津教案調回北京擔任直隸總督，然而李、左兩人卻是從那段時候開始交惡。

陝甘回亂隨馬化龍父子被殺而結束，左宗棠進駐蘭州。回部領袖馬占鰲投降，另一股勢力白彥虎退出青海，遁入新疆依附阿古柏，馬占鰲認為那是他日之患，乃對左宗棠進言「趁勢收復新疆」。左宗棠盱衡情勢，認為英國在新疆不是俄國對手，新疆若落入俄國人手中，必成為中國他日之患，因此上書清廷，提出收復新疆的主張。於是北京朝廷乃發生「海防論」與「塞防論」的爭議，兩方的領袖正是意氣用事、甚至已經水火不容的李鴻章與左宗棠。

以當時大清帝國的財政、軍事狀況，實無力量「海陸並舉」，可是左宗棠抓住了一個要點：慈禧太后跟恭親王奕訢的矛盾。

由於奕訢主持總理各國事務衙門，是洋務派的領袖，李鴻章則是外朝群臣中的洋務派大將，而圍繞在慈禧太后周圍的多半是保守派親貴，於是左宗棠上了一道摺子，大談拱衛京師安定：大清定都北京，蒙古環衛北方，與陝甘以至新疆實為一整體。新疆不固，則蒙古不安；蒙古不安，京師亦無晏眠之日。故西北「名雖為邊郡，實則如腹地」，必須視為一個整體「分屯列戍，斥候遙通」，方能「令外人無隙可乘」。如今新疆之亂（阿古柏、白彥虎）背後，其實是俄國「狡焉思逞」，即使暫時節制兵事，也不可能打消對方的野心。不如趁列強尚未大舉介入，集中兵力綏靖（平定）新疆，如此方可絕後患。這番話深得保守派之心，群起支持「塞防論」，因此慈禧太后與光緒皇帝分別下詔支持左宗棠乘勝西征。

當然，「海防派」提出了各種質疑，給左宗棠「穿小鞋」。對此，左宗棠提出新的戰略說法：「緩進速決」，化解了政敵的干擾。

「緩進」，就是積極治軍，軍隊整頓完成才開戰。左宗棠計畫用一年半時間籌措軍餉，積草屯糧，整頓軍隊，減少冗員，增強軍隊戰鬥力。包括自己的主力湘軍，也剔除空額，汰弱留強。他還規定，凡是不願出關西征的，「一律給資，遣送回籍」。

「速決」，就是考慮國庫空虛，為了緊縮軍費開支，大軍一旦出發，必須速戰速決，力爭在一年半左右獲取全勝，盡早收兵。因此，在申報軍費預算時，左宗棠親自做了調查和精微的計算：他從一個軍人，一匹軍馬，每日所需的糧食草料入手，推算出全軍八萬人馬一年半時間所需的用度。然後，再以一百斤糧運輸一百里為一個單位，估算出全程的運費和消耗。甚至連用毛驢或駱駝馱運，還是用車輛運輸，哪種辦法節省開支也做了比較。經過周密計畫，估算出全部軍費開支共需白銀八百萬兩，同時考慮打仗必有很多意外開支，左宗棠向朝廷申報一千萬兩。

當時主管財政的軍機大臣沈葆楨是湘軍出身，當然大力支持左宗棠，可是左宗棠呈上來的西征軍費預算，金額委實太鉅，只能想辦法攤派給各省，從地方財政收入裡「擠」出來，可是這樣肯定無法一時湊齊，有貽誤戎機之虞。於是透過滿人軍機大臣文祥安排，左宗棠親自去向皇帝和慈禧太后陳述，得到皇帝御批：「宗棠乃社稷大臣，此次西征以國事而自任，只要邊地安寧，朝廷何惜千萬金，可從國庫撥款五百萬，並敕令允其自借外國債五百萬。」算是解決了財源問題。

有了財源，還得有新式武器，才能跟阿古柏的軍隊（英國軍工廠製造）對抗。為此，左宗棠建立「蘭州製造局」，由廣州、浙江調來熟練工人，在蘭州製造西征所需武器，還仿德國的螺絲炮與後膛七響槍，改造中國的劈山炮和無殼抬槍。有了武器，還得被服，於是又建「甘肅織呢總局」，那是中國第一個機器紡織廠。

等到有錢、有兵、有糧、有被服，左宗棠的西征戰略也定案：「欲收伊犁，先定迪化」（伊犁，今新疆維吾爾自治區伊寧市；迪化，今烏魯木齊市），也就是先安定新疆回部，攻克迪化城之後，大興屯田，以保證後勤供應不絕，此舉並有「安撫新疆各部族耕牧如常」的功效。如此，「即不遽索伊犁，而已穩然不可犯矣。迪化形勢既固，然後明示以伊犁我之疆域，尺寸不可讓人」。這個戰略是考慮俄國「國大兵強，難與角力」，所以急取迪化、緩索伊犁。

大軍出征之前，左宗棠先命西征軍先鋒統帥張曜，駐軍哈密興修水利、屯田積穀，第一年就收穫糧食五千一百六十餘石，基本上可以解決該部半年軍糧所需。張曜行軍途中還有一個任務：在未來大軍必經的路線上遍栽柳樹，使軍士得以稍緩烈日曝曬之苦。（河西走廊至今仍可見「左公柳」）

此外，為運輸軍糧，左宗棠又建立了三條路線：一是走河西走廊，出嘉峪關至哈密；二是由包頭經蒙古草原至新疆巴里坤；三是從寧夏經蒙古草原運至巴里坤。如此複雜安排可以保證糧草接濟無虞。

大軍正式出發，號稱馬、步、砲軍一百五十餘營，總兵力八萬人，但實際開往前線只有五十餘營、二萬多人。

左宗棠自己坐鎮蘭州，主力分南北兩路，到哈密會齊。行軍戰術則採「千人一隊，隔日進發一隊」方式，那是考慮西征大軍是「客軍深入」，避免遭遇伏擊被全殲的分散風險措施。好在一千七百里戈壁能夠順利通過，大軍進入哈密後，軍糧、補給才陸續運抵，然後劉錦棠的前鋒部隊迅速占領濟木薩（今吉木薩爾縣）。（前面是「緩進」，大軍既已集結，就要「速決」）

南北兩路大軍會合進攻迪化。經過三個多月的戰鬥，攻克迪化，白彥虎逃到托克遜（今吐魯番市境內）；北路蕩平，轉攻南路，攻克托克遜，阿古柏逃往焉耆。西征大軍再攻克吐魯番，南路門戶大開，阿古柏服毒自殺，兩個兒子內鬥，哥哥殺死弟弟，率殘部逃往喀什，白彥虎則率餘眾逃竄到開都河（即《西遊記》小說中的通天河）一帶。

西征軍事順利，北京的「海防派」見狀，運作發出飭令：「廷臣聚議，西征耗費巨款，今烏城、吐魯番既得，可以休兵。」左宗棠上疏抗旨，據理力爭。慈禧太后看罷他的奏章，降旨「收復新疆，以竟全功」。

這時候，俄羅斯跟土耳其發生戰爭，南路主帥金順建議左宗棠乘虛襲取被俄國霸占的伊犁。左宗棠認為「師出無名，反遭其謗」，留著伊犁不打。大軍向西挺進，先收復南疆東四城：焉耆、庫車、阿克蘇、烏什；接著收復西四城：喀什、英吉沙爾、葉爾羌與和闐。阿古柏的長子胡里與白彥虎都逃往俄國。至此，這場由英、俄兩國支持的阿古柏之亂，乃告平息。

左宗棠「留著伊犁不打」，不盡然是「打不過不打」，而是想尋求政治途徑取回伊犁。他先上書清廷，力陳在新疆「設省」的理由：設了省，就有各級政府，有稅收、有駐軍，必要時還能號召居民團結保鄉衛國。另一方面，他建議清廷派使節跟俄國談判歸還伊犁，於是清廷派崇厚（滿人）出使俄羅斯。可是俄國很詐，一邊跟崇厚談判，一邊讓白彥虎、胡里不斷侵擾邊境，並且恫嚇崇厚「不允所求即停止談判」，逼使昏庸的崇厚簽下《里瓦幾亞條約》，條文極盡屈辱之能事，崇厚因此被彈劾下獄，清廷改派曾紀澤出使俄國，重新議約。

曾紀澤是曾國藩的兒子，左宗棠跟曾紀澤商量，「若俄國一意孤行，應以武力為後盾」。於是左宗棠親自領兵屯駐哈密，兵分三路（金順、張曜、劉錦棠）進兵伊犁，號稱四萬大軍。但是，對俄國人構成最大壓力的卻是「心戰」：左宗棠將他為自己預備的棺木，從蘭州運到了哈密！

俄國聞訊，一方面增兵伊犁，一方面派太平洋艦隊游弋中國沿海，天津、奉天（今遼寧）、山東紛紛報警。但事實上，俄國剛打完俄土戰爭，並無意在中亞再啟釁端，同時評估「縱使打贏也得不償失」（伊犁沒有太大經濟以及戰略價值）、「萬一打垮了大清，後事不可預料」，於是在談判桌上讓步。曾紀澤與俄方簽訂《中俄伊犁條約》，俄國歸還伊犁，但割去「霍爾果斯河以西」土地，中國賠償兵費九百萬盧布（折合當時白銀五百餘萬兩）。

基本上，那仍然是一項不平等條約，但是在那一段期間，清廷跟列強其實沒有簽「平等條約」的空間，所以，曾紀澤與左宗棠聯手，外交加武力，能夠簽下如此條件的條約，堪稱煞費苦心。

左宗棠除了是一代名將，說他是政治、財政方面的精算大師，絕不為過。

【孫子兵法印證】

本書記載的十位名將中，左宗棠堪稱最得孫武真髓。

孫武向吳王闔閭呈獻兵法十三篇，目的在說服吳王出兵伐楚。而他開宗明義就說：〈始計第一〉：兵者，國之大事，死生之地，存亡之道，不可不察也。立即就跟闔閭「接上了線」，因為吳王闔閭雖然懷抱雄心壯志，卻對伐楚一事始終遲疑不決，根本原因就在於，楚大吳小，即使勝利也無法占領，萬一敗戰則可能導致滅國。而孫武在十三篇中，始終貫徹「先勝後戰」思維，是他消除闔閭心中疑慮的第一要素。

而左宗棠也明白，兩宮太后只擔心北京安危，不重視西北亂事，很容易傾向海防派。於是他提出「新疆、陝甘、蒙古、滿州」一體論，新疆若不固，會影響滿州龍興之地，最終使得京師不安。這一招，確定了太后跟皇帝支持塞防派。

同時左宗棠也很清楚，朝廷最大的困難在財政，因此他預先做了最精密的計算：〈作戰第二〉：內外之費，賓客之用，膠漆之材，車甲之奉，日費千金，然後十萬之師舉矣。

《孫子兵法》這一段的真義，就在於必須精算、必須節省、必須速戰速決。而左宗棠在進兵新疆的戰事上，確實做到了精算與速決。至於「節省」，他集結了大軍，可是並未全數出動，最終沒有耗盡全數一千萬兩。

西征先鋒軍駐軍哈密，修水利、屯田積穀、行軍途中栽植柳樹，都符合〈作戰第二〉：國之貧於師者遠輸，遠輸則百姓貧。的思考，盡量減少後方運輸糧草到前線的費用。

對俄羅斯最終沒有開火，而是外交與軍事相生相濟，雖然賠了款，但得回伊犁，稱得上〈軍形第四〉：善戰者之勝也，無智名，無勇功。……立於不敗之地，而不失敵之敗也。在國家處處屈辱之時，左宗棠能夠「立於（另類的）不敗之地」，而掌握到「敵之敗」（俄羅斯不想打），確實不簡單。

國家圖書館出版品預行編目資料

勝之道：十位名將與十場戰役印證孫子兵法致勝思維 / 公孫策著. -- 初版. -- 臺北市：商周出版：家庭傳媒城邦分公司發行, 2017. 03
面； 公分. -- (ViewPoint ; 89)
ISBN 978-986-477-192-9 (平裝)

1.孫子兵法 2.研究考訂 3.戰史 4.中國

592.92　　106001866

ViewPoint 89

勝之道——十位名將與十場戰役印證孫子兵法致勝思維

作　　者／公孫策
企畫選書／黃靖卉
責任編輯／林淑華

版　　權／翁靜如、林心紅、邱珮芸
行銷業務／張媖茜、黃崇華
總 編 輯／黃靖卉
總 經 理／彭之琬
發 行 人／何飛鵬
法律顧問／元禾法律事務所王子文律師
出　　版／商周出版
台北市104民生東路二段141號9樓
電話：(02) 25007008　傳真：(02)25007759
E-mail：bwp.service@cite.com.tw
發　　行／英屬蓋曼群島商家庭傳媒股份有限公司城邦分公司
台北市中山區民生東路二段141號2樓
書虫客服服務專線：02-25007718；25007719
服務時間：週一至週五上午09:30-12:00；下午13:30-17:00
24小時傳真專線：02-25001990；25001991
劃撥帳號：19863813；戶名：書虫股份有限公司
讀者服務信箱：service@readingclub.com.tw
城邦讀書花園 www.cite.com.tw
香港發行所／城邦（香港）出版集團
香港灣仔駱克道193號東超商業中心1樓_ E-mail : hkcite@biznetvigator.com
電話：(852) 25086231　傳真：(852) 25789337
馬新發行所／城邦（馬新）出版集團【Cite (M) Sdn Bhd】
41, Jalan Radin Anum, Bandar Baru Sri Petaling, 57000 Kuala Lumpur, Malaysia.
電話：(603) 90578822　傳真：(603) 90576622

封面設計／許晉維
版面設計／洪菁穗、林曉涵
內頁排版／林曉涵
印　　刷／中原造像股份有限公司
經 銷 商／聯合發行股份有限公司
新北市231新店區寶橋路235巷6弄6號2樓　電話：(02) 2917-8022　傳真：(02)2911-0053

■2017年3月2日初版　　Printed in Taiwan
■2019年3月11日初版3.2刷
定價300元

城邦讀書花園
www.cite.com.tw

 ISBN 978-986-477-192-9

商周出版

廣	告	回	函
北區郵政管理登記證			
北臺字第**000791**號			
郵資已付，免貼郵票			

104　台北市民生東路二段141號2樓

英屬蓋曼群島商家庭傳媒股份有限公司城邦分公司　收

請沿虛線對摺，謝謝！

商周出版

書號：BU3089　　書名：勝之道　　編碼：

請於此處用膠水黏貼

商周出版

讀者回函卡

感謝您購買我們出版的書籍！請費心填寫此回函卡，我們將不定期寄上城邦集團最新的出版訊息。

不定期好禮相贈！
立即加入：商周出版
Facebook 粉絲團

姓名：＿＿＿＿＿＿＿＿＿＿ 性別：☐男 ☐女

生日：西元＿＿＿＿年＿＿＿＿月＿＿＿＿日

地址：＿＿＿＿＿＿＿＿＿＿

聯絡電話：＿＿＿＿＿＿＿＿ 傳真：＿＿＿＿＿＿＿＿

E-mail ：

學歷：☐ 1. 小學 ☐ 2. 國中 ☐ 3. 高中 ☐ 4. 大學 ☐ 5. 研究所以上

職業：☐ 1. 學生 ☐ 2. 軍公教 ☐ 3. 服務 ☐ 4. 金融 ☐ 5. 製造 ☐ 6. 資訊
☐ 7. 傳播 ☐ 8. 自由業 ☐ 9. 農漁牧 ☐ 10. 家管 ☐ 11. 退休
☐ 12. 其他＿＿＿＿＿＿＿＿

您從何種方式得知本書消息？

☐ 1. 書店 ☐ 2. 網路 ☐ 3. 報紙 ☐ 4. 雜誌 ☐ 5. 廣播 ☐ 6. 電視
☐ 7. 親友推薦 ☐ 8. 其他＿＿＿＿＿＿＿＿

您通常以何種方式購書？

☐ 1. 書店 ☐ 2. 網路 ☐ 3. 傳真訂購 ☐ 4. 郵局劃撥 ☐ 5. 其他＿＿＿＿

您喜歡閱讀那些類別的書籍？

☐ 1. 財經商業 ☐ 2. 自然科學 ☐ 3. 歷史 ☐ 4. 法律 ☐ 5. 文學
☐ 6. 休閒旅遊 ☐ 7. 小說 ☐ 8. 人物傳記 ☐ 9. 生活、勵志 ☐ 10. 其他

對我們的建議：＿＿＿＿＿＿＿＿＿＿

＿＿＿＿＿＿＿＿＿＿

＿＿＿＿＿＿＿＿＿＿

請於此處用膠水黏貼